引爆高效能

脑神经科学如何激活生命能量

Stacey 沐瑶 —— 著

深圳出版集团
深圳出版社

图书在版编目（CIP）数据

引爆高效能：脑神经科学如何激活生命能量 /
Stacey 沐瑶著 . -- 深圳：深圳出版社 , 2025. 9.
ISBN 978-7-5507-4270-3

Ⅰ . B848.4-49

中国国家版本馆 CIP 数据核字第 2025H90U69 号

引爆高效能：脑神经科学如何激活生命能量

YINBAO GAOXIAONENG: NAOSHENJING KEXUE RUHE JIHUO SHENGMING NENGLIANG

责任编辑　雷　阳
责任校对　李　想
责任技编　郑　欢
特约策划　华文未来
装帧设计　麦克茜

出版发行　深圳出版社
地　　址　深圳市彩田南路海天综合大厦（518033）
网　　址　www.htph.com.cn
订购电话　0755-83460239（邮购、团购）
设计制作　麦克茜
印　　刷　深圳市华信图文印务有限公司
开　　本　889mm×1194mm　1/32
印　　张　10.5
字　　数　183 千
版　　次　2025 年 9 月第 1 版
印　　次　2025 年 9 月第 1 次
定　　价　56.00 元

 # 你不是做不好工作，你只是能量不足

　　你是否经常觉得提不起精神，干什么都没有兴致，每天应付着来到公司，拖拖拉拉半天，连一项工作也没有完成？对此，你不止一次地怀疑自己要么是个生性懒惰的人，要么就是所谓的天生慢半拍、拖延症、"懒癌"晚期……

　　你给自己贴上这样那样的标签，却不断有人告诉你"你的能力超乎你的想象"。你百思不得其解："如果我的能力真的那么强，为什么每天过得如此没有意义？"

　　其实，这并不是你的错。现代社会要求的是更多、更好、更快。我们能获得的信息比以往任何时候都多，互联网的便捷，使我们不再需要去图书馆查阅海量的书籍和文献。然而在网上甄别和筛选信息却耗费了我们更多的时间和精力。这一切给我们一种错觉——我们需要更多的时间！

我们的神经绷得越来越紧，夜以继日，牺牲吃饭和睡眠的时间，却也没能把一天的时间变得更多。更糟糕的是，这些牺牲让我们不知不觉中付出了更加惨重的代价：专注力下降，思维涣散，工作时间被占用，用来思考的时间所剩无几，更别提开发创造力。即便想好好休息一下，我们也被短视频夺走了剩余的能量。我们无法全身心地投入工作，无法安心地休息，内心的空虚越来越大——终于，我们开始焦虑，开始迷茫，甚至开始崩溃。我们好像病了，但工作和生活都还在继续，我们只好拖着内心越来越大的空虚继续茫然地坚持。

有人可能会说，疲惫是通往理想人生的必经之路，对于普通人来说，哪里会有轻松的生活。果真如此吗？

1993 年，心理学家安德斯·埃里克森（Anders Ericsson）进行了一项著名的研究，旨在探索一个人努力的力量到底会有多大。他将柏林音乐学院的 30 名年轻小提琴手分成三组：第一组由那些表现卓越，极有可能成为独奏家的人组成；第二组由那些有希望成为管弦乐队成员的人组成；

第三组则是从学院的音乐教育部门招募的，他们未来将成为音乐教师，教授小提琴专业。这三组小提琴手都在 8 岁左右开始拉小提琴。前两组都下定了决心要以小提琴为职业，他们平均每周练琴 24 小时。相比之下，第三组每周练琴时长约 9 小时，大约是前两组的三分之一。这种差异无疑是巨大的，然而如果我们只看到了练习时长，将会忽略他们成功的重要因素。

首先，30 名小提琴手都认同刻意练习对提高水平影响最大，尽管这种练习可能是最困难、最无聊的活动。前两组平均每天练习 3.5 小时，但是他们通常会分 3 次进行，每次不超过 90 分钟，且大多在早上练习，此时的专注度最高。此外，他们在两节课之间会休息一下，补充能量。而第三组平均每天只练习 1.4 小时，没有固定的时间表，通常在下午练习，时常练着练着就觉得焦躁，甚至昏昏欲睡。此外，前两组的白天小睡时间也比第三组多得多——前两组每周可以小憩近 3 小时，而第三组每周小憩不到 1 小时。

你从中发现了什么？单纯的堆砌时间和盲目的努力并不会与高效能以及成功画上等号。对于小提琴手来说如此，对于我们来说亦如此。衡量做一件事情有没有成效，并不是单纯地以时长为评判标准。如果不得章法，我们就会和第三组小提琴手一样，付出了时长，换来的却是效率低下。我们都懂得用延长工作时间来应对日益繁重的工作任务，但是时间是有限的。我们再怎么压榨自己，也不可能把一天变成两天。而且，时间是不可再生的，时间过去了就是过去了，你无法回拨时钟重来一次，也无法阻止时间不断向前。

那么有没有资源是无限的呢？有，那就是能量。物理学将能量定义为做工时可资使用的潜在能力。能量是可再生的资源，通过科学的练习方法，可以不断地为我们充电续航。"我们的能力超乎我们的想象"并不是一句空洞的口号，关键在于如何找到那把钥匙，打开通往高效能以及有意义人生的大门。这把钥匙将会让我们有意识地管理好身体、头脑、情绪和内核四个主要的能量来源。

如果你感到心力交瘁或不知所措，那么这本书可以为你提供一些帮助。如果你读完本书，并且跟随书里的练习与建议进行实践，相信很快你的人生会发生这样的变化：开始养成锻炼的习惯，且知道如何聪明地运动；健康饮食并且吃得很快乐；明白大脑是你最好的伙伴，并理解如何做才会让它最大化地为你服务；和所有的压力、焦虑以及负面情绪和解，知道如何与它们和平相处；目标清晰，看到此生的意义，并且无论遭遇怎样的事情，都可以快速恢复，从内心深处获得源源不断的力量，让每一天都充满满足感和愉悦。

如果你是企业管理人员，这本书也会让你有所收获。企业与员工的关系一直是一个微妙的话题。管理人员希望员工感受到强烈的归属感，从而打心底里愿意为企业发光发热。然而在实际工作中，企业和员工往往不知不觉就站到了对立面。本书中提到的方法，管理人员加以运用，将激发出员工强大的潜能，更加专注地工作。当员工能够从工作中获得成就感和价值感时，企业也将蒸蒸日上。

从 2008 年开始，我就在探索一套可以更好地全方位激活能量的方法。那时候我的角色还是企业员工，日后随着工作的变化，我的角色也在不停地转变。从员工到管理者再到创业者，我也不断地在这套方法中加入更多科学的理论以及实践的经验。我的先生是一位神经科学家，受他的影响和帮助，本书主要借鉴的科学分支是神经科学。神经科学让我们能够从大脑的机制上更精准地了解自己，同时借助科学的练习，简单高效地改写我们的大脑，打通新的神经连接。我也在书中加入了心理学疗愈的经验与多年学习的内容，主要是神经语言程序学（NLP）的方法，让我们能够快速提高效率，即使在高压条件下也能游刃有余。

人的生命之美在于波动性。事实上，人的一切行为都符合波动性。比如白天工作学习消耗能量，晚上睡觉休息补充能量；遇到高兴的事情能量会高涨，遇到挫折的时候能量会低迷。正是因为这种波动性，我们知道逆境不会是永恒，我们很快就会从谷底回弹到波峰。这样的波动促进了我们自身能量的更新。同理，我们之所以觉得每天都过得很累，是因为我们目前的生活方式正在缓慢但无情地消耗着自身的能量。

作家冯唐曾感慨："读书时，大家拼的是智商；工作时，大家拼的是情商；而到了人生后半程才发现，比智商、情商更重要的是能量。"因为人生并不是一场百米冲刺，而是一场漫长的马拉松。在这场赛跑中，能量充沛的人更容易坚持到终点。当然，要想获得充沛的能量需要一套组合拳：力量和耐力（身体能量）、大脑的全面协作（大脑能量）、积极的心态（情绪能量）和强烈的目标感（内核能量）。

当用科学的方法解锁了身体隐藏的四大能量，"我们的能力超乎我们的想象"将不再是一句空洞的口号。因为你会真真切切地感受到你蕴藏着无限可能。

目录

第四章 173

情绪能量——万事万物皆可赋能

第五章 261

内核能量——开启无限可能

后记 320

如果只是为你开一扇窗

第一章

开启新世界的大门——关于能量及其四大源泉

在前面的序言里，我们提到了一个重要的概念——能量。它不仅与我们的工作效率息息相关，更与我们的生活质量紧密相连。

有意思的是，尽管能量如此重要，谈论它的人却并不多，其中一个很重要的原因是能量不容易被衡量。我们很喜欢谈时间管理，因为时间是非常容易量化的。记得我以前学习骑马的时候，每到一个新的马场，教练问的第一个问题大多是："你已经学了多少个鞍时了？"在工作领域依然如此，比如心理咨询师很喜欢写在简历里的一句话是"已经累积了多少小时的个案时长"。相反，能量的测量则很难去量化。然而，能量带给我们的感受却是直接而真实的。当我们身体能量低下的时候，我们会头昏脑涨，昏昏欲睡；当我们情绪能量不足的时候，我们会对任何事情都失去兴趣，意志消沉。这些直接的感受都在时刻提醒着我们：能量不足，需要充电了。

在这本书中，我们会把能量划分为四大类：身体能量、头脑能量、情绪能量和内核能量。每一类能量都有着强大的潜能，且都可以通过简便的练习方法使能量得到源源不断的补充。

第一类，也是最基础的，便是我们的身体能量。无论你是从事脑力工作还是体力工作，身体能量都是我们所有能量的基石。身体能量主要受睡眠、运动、饮食和休息四个方面的影响。

很多人都明白睡眠的重要性，然而睡眠问题却是当今威胁人类健康的一大难题。全球范围内约有 27% 的人存在睡眠障碍，几乎每 3 人中就有 1 人存在睡眠问题。而这个问题的出现，也透露出我们对于睡眠的认知不足。优质的睡眠不仅可以让我们身休强健，还可以让我们时刻保持良好情绪，甚至可以提升我们的创造力，让我们从梦境中获得无穷无尽的灵感。当我们抱怨自己存在睡眠障碍时，压力是我们首先会想到的原因。可是导致我们睡眠质量不高的因素其实有很多。比如睡前吃得稍微多了一点，或者是把手机放在枕头边。我曾经历过一段严重的睡眠障碍，每天的睡眠时间不足 4 小时，夜里一旦醒来就无法再次入眠，久而久之出现了高血压和心悸的问题。当我开始意识到问题的严重性并准备着手解决时，我发现自己有一个习惯，就是每当夜里睡不着的时候，我都会用刷手机来打发时间，结果往往是一直刷到天亮，再也没有睡着。很多人有手机焦虑症，大部分人习惯把手机放在枕边。而这个小小的动作，其实会带来比较严重的后果。不过幸运的是，有问题就会有解决办法。当我们可以很好地理解睡眠的原理和运作时，就可以找到合适的方法来帮助我们提升睡眠质量。

运动是一个老生常谈的话题，就我本人而言，也经历了从不爱运动到坚持运动的转变，其中的好处不用多说。近几年，神经科学界对于运动的研究有很多，发现运动不仅可以强身健体，还可以重塑我们的大脑。如何聪明地运动，我们会在后面的部分进行详细说明。

饮食的重要性无须多说，食物为我们提供了能量。可是随着外卖的兴起，我们吃得越来越方便，却也越来越不健康。前几年的夏天，我迷上了喝奶茶，虽然之前我很不喜欢奶茶的味道，但在炎热的夏日，我突然发现那些带着不同花香的冰镇奶茶给我带来了极大的愉悦感，于是在那两个月里我每天都要喝一到两杯奶茶。两个月后，我的体重上涨了四公斤，整个人也变得十分懒散。健康的饮食习惯，是可以帮助我们有效消除疲劳感的。比如每天补充必需的营养素，同时可以尝试一下地中海饮食。这些饮食方式都会对我们的身体和大脑有好处。

关于休息，我发现很多人不会有效休息。在咖啡店或者是会场午休时间，你几乎会发现每个人都会不约而同地拿出手机来刷短视频，仿佛短视频是一剂休息的良药。殊不知休息也是有学问的。我们自然而然地认为，人累了才需要休息。可是主动地休息，往往才能实现其最大的意义。休息的模式也有着不同的层次，方法更是层出不穷。比较推荐的是交替式休息法和NSDR（非睡眠深度休息法）。我会在后面的部分带着大家一起体验。

第二类能量是头脑能量。头脑能量是专注力、理解力、执行力、创造力和记忆力等的总和，代表我们思维的质量。关于专注力，我们通常认为它与我们的做事效率直接相关，但我们或许不知道，专注力还直接影响着我们的快乐体验。一颗散漫的心往往是不快乐的心。现在太多的诱惑和选择也让我们变得越来越三心二意，所以学习做减法是一种智慧。

理解力有时候是会被我们忽视的一项。当我们效率低下的时候，会认为是自己的方法有问题，或者手脚不灵活，其实问题往往出在理解力上。理解力是大脑将信息进行整合的能力，它往往与我们的经验有关。换言之，如果脑海中没有一个框架，即便再好的机会我们也无法抓住，因为无法理解。在理解的过程中，有一个美妙的体验，那就是顿悟。那是一个如昙花一现般的瞬间，让你所有的问题在瞬间得到解决。人人都期待自己可以体会到顿悟的瞬间，好消息是，顿悟是可以通过训练来增加出现的概率的。

提到执行力，我们会自然而然地想到拖延。不错，拖延也成了当今人们的一大难题。如果你也觉得自己是个重度拖延症患者，这并不是你的错，因为我们的大脑天生就有拖延的倾向。拖延是一个复杂的问题，有不同的拖延类型，也对应着不同的解决办法。我认为比较行之有效的方法是五秒法则。我们会在后面的部分详细拆解和示范五秒法则。

创造力可以帮助我们点燃梦想的火花，带来灵感，是人类无穷无尽的智慧宝藏。有人可能认为创造力存在个体差异，但其实它也可以通过后天的练习得到强化。有时，困境会成为提升创造力的土壤，为我们带来爆发的机会。所以，如果你正处在困境之中，不妨好好把握这次逆袭的机会。

记忆力是一个很流行的话题，现在市面上不乏各种各样的关于记忆力训练的图书和课程。但遗忘本就是一件很自然的事情，而且有着很大的作用。当我们可以正视遗忘，也就拿到了破解记忆力魔法的钥匙。

第三类能量是情绪能量。拥有积极情绪能量的人注意力更集中，拥有更强的创造力，因而也会在工作中更高效。愤怒、沮丧等消极的情绪能量则会导致做事低效。这些道理我们都懂，但是，如果理解只停留在这个层面上，就可能把我们带向另一个极端，即不顾一切地想要扼杀所有的负面情绪。因此，进行情绪能量拆解的第一步，就是理解什么是真正意义上的情绪平衡。所谓情绪平衡，不是让你整天时时刻刻都保持积极乐观，热情高涨。那是绝无可能的事情。事实上，你只要做到积极情绪与消极情绪的比例为 3:1 就可以了。

我们很多情绪问题的来源是压力，这导致我们谈到压力就避之不及。可是压力也有积极的作用。想要做好压力管理，就需要正确理解压力，学会与压力共存。同时，不要压抑自己的情感。人类天生就自带强大的情绪调节武器，那就是血清素。用好这些武器，会使我们轻轻松松就能和压力成为朋友。

焦虑也是一个极其普遍的问题。有人说现代社会没有谁敢说自己不焦虑。伴随着焦虑，内耗也成了一个流行名词。人人都在谈论反内耗、对抗焦虑，事实上，对焦虑的关注由来已久，早在公元前 4 世纪就已经出现。破局的方法并不难，我们会在后面的章节里为大家分享一个等边三角形模型，以生理、关注点和语言三大要素攻关，就可以轻松突破焦虑困境。

如果我们想要长久地做好情绪管理，可以尝试一下正念生活。正念中所提倡的当下的力量，在很多时候，可以解决大部分的情绪问题。当我们理解并运用当下的力量，很多痛苦便会不攻自破。

第四类能量是内核能量。所谓内核，就是一种自内而外的源源不断的动力。我们会很自然地想到内驱力。我们经常听到有人说："等他开窍就好了。"这种开窍往往就和内驱力的能量联系在一起。可是，内驱力真的会自己出现吗？

答案自然是否定的。不过，我们只要掌握了方法，可以随时激活自身的内驱力。首先，掌握我们对于生命的控制权；其次，配合激励；最后，有效设置自己的目标。

内核能量的另一个来源是意志力。当我们看到别人坚持不懈地做成一件事情时，就会责怪自己意志薄弱，三天打鱼，两天晒网，错失了机会。曾经有一项科学实验，实验人员惊讶地发现一个人的意志力居然可以和他未来的人生境遇产生联系。然而这并不表示如果一个人生来意志力比较薄弱，他就不配拥有理想的人生。因为意志力从某种意义上来说是一个无限的资源。这种无限性来源于信念的力量。意志力也可以通过练习来进行强化和改造。

不过，从另一个角度来看，意志力也是有限的资源，而这一切或与葡萄糖有关。当葡萄糖不足的时候，意志力就开始下滑。那么，有没有不需要消耗那么多能量但同样可以带来巨大改变的秘诀呢？答案是有的，那就是培养一个微小却强大的习惯。或许你会觉得，微小和强大是一组反义词，它们怎么可能同时用来形容一个东西呢？其实不然，哪怕每天的进步只有1%，365天之后，进步将是惊人的，这就是习惯带来的复利。很多时候，目标给了我们一个前进的方向，但决定我们能否实现那个目标的却是过程。这个过程的起点，也许是一个小小的习惯，小到你都可以对其视而不见。可是日积月累，当这种良好的习惯变成每天的例行公事之后，它的作用就会开始显现。

但很多人也在感慨，习惯的培养并不是那么容易的事情。原因是多方面的，最常见的问题就在于我们很多时候太执着于结果，却忽略了在结果之外，还有两个方面的改变——过程与身份认同也很重要。尤其是身份认同的改变，往往会带来巨大的内核能量。习惯的培养也有一定的技巧，我们可以遵循"提示、渴望、回应、奖励"四步法，让我们期待的改变在不经意之间悄悄发生，惊艳众人。

　　总的来说，通过有意识地去关注和调整身体、头脑、情绪和内核四种能量，将会对我们的人生产生极高的效益。这种效益不仅仅体现在职场上，也会作用在人际交往，以及生活的每一个方面。四种能量相互作用，缺一不可，牵一发而动全身。身体能量是一切的基础，支撑着其他三种能量。头脑能量支配身体能量的支出，情绪能量可以直接影响身体和头脑能量的释放，而内核能量则能够引导其他能量，强大的内核能量往往可以极大程度地提高身体、头脑和情绪三种能量的级别。所以，我们只需要哪怕掌握一点点技巧，做出细微的改善，加成起来都会让我们感觉焕然一新。

　　能量管理不是纯理论，虽然在本书中我会不断地从神经科学的角度去阐述原理，但最重要的是你的参与，去深入学习、体验和完善，去感受每一种能量的优化过程，从而使人生实现更大的价值。

第二章

身体能量——高效能的基石

2.1 睡眠：
拥有婴儿般睡眠的秘密

睡觉是每一个生物体与生俱来的能力。当人类的祖先幕天席地一觉到天亮的时候，何曾想到今时今日，人类拥有了先进的助眠仪器，吃着各种改善睡眠的保健品，睡着昂贵的真丝床品，可是却睡不着了。想要美美地睡一觉居然成了一件奢侈的事情。

越来越多的人陷入失眠或者睡眠障碍的困境之中。据世界卫生组织报道，全球范围内约有 27% 的人存在睡眠障碍，几乎每 3 人中就有 1 人存在睡眠问题。2023 年发布的《中国睡眠大数据报告》显示，我国有超过 5 亿人存在睡眠障碍问题。其中，成年人失眠发生率高达 38.2%。

25% 的上班族每天睡眠时长不足 6 小时。中国社会科学院社会学研究所、社会科学文献出版社等联合发布的《中国睡眠研究报告（2022）》显示，2021 年我国民众每天平均睡眠时长为 7.06 小时，较 2012 年平均睡眠时长的 8.5 小时，减少了近 1.5 小时。其中，新手妈妈、学生、职场人士睡眠问题突出。

对此，有业内人士表示，睡眠障碍已经成为中国民众健康最大的潜伏杀手之一。

你可曾想过一个问题：我们为什么会睡不着？

有人可能会说现在生活节奏太快，人们的压力太大。即使躺在床上闭着眼睛，脑子也停不下来。

诚然，信息爆炸的时代，我们的大脑每天超负荷运转，疲惫不堪。美国加利福尼亚大学圣迭戈分校曾经开展过一个名为"多少信息"的项目，研究人员估算出一名美国人平均每天要从电子邮件、互联网、电视和其他媒体获取大约 10.05 万个单词的信息量，相当于大脑每秒接触 23 个单词。[1]

1　Bohn, R., Short,J.E.. Measuring Consumer Information [J]. International Journal of Communication, 2012, 6（21）: 980-1000.

　　这个数据自然是惊人的。但是如果外界的因素无法改变，时代发展的步伐无法放缓，有没有可能是我们自身的原因导致了这个结果呢？

　　我想到了曾经在外企上班的日子，每当新的项目需要上线，同事们便会不约而同地说："今晚不睡了，把新项目搞定！"年轻时的我们分秒必争，恨不得把一分钟掰成十份来用。当我们发现无法争取到更多时间的时候，便把心思转到了睡眠上。是啊，如果不用睡觉，我们不就多出了8个小时吗？8个小时，那该能做多少事情啊！那时的我们根本没有意识到睡眠的意义有多么重大，甚至觉得睡觉是在浪费时间。

　　或许，没有真正意识到睡眠的重要性，正是造成睡眠障碍的内因。人的一生有三分之一的时间是在睡眠中度过的，充足的睡眠是人类重要的生理需求。医学博士Teofilo Lee-Chiong曾经说过："睡眠既不是人类进化过程中的失误，也不是繁忙日程表中的短暂停歇；准确地说，睡眠与清醒时的生活并存，两者缺一不可。"

　　人为什么需要睡眠？你可能会觉得这是个愚蠢的问题。但是睡眠的真正意义远比我们想象的要重要得多。

　　你或许也发现了，当睡眠持续不足时，机体会出现免疫力低下、容易生病的情况，还会导致记忆力减退和情绪暴躁。睡眠的第一个重要作用，就是可以修复我们的细胞。这就是为什么当我们的身体不适时，会觉得疲倦，身体本能地会让我们躺下休息。因为人体的炎症反应需要在睡眠中进行恢复和修复。此外，睡眠还能帮助我们修复大脑、细胞以及神经元的 DNA 损伤。这些损伤往往由多种原因引起，例如辐射、氧化应激反应以及神经元活动。机体处于清醒状态时，大脑神经元的 DNA 损伤会持续积累。唯独在睡眠期间，DNA 的修复才会进行。

当我们睡得好时，大脑的一系列功能才能正常地开展。睡眠在大脑学习和记忆加工过程中发挥着重要的作用，靶向信息的再激活可促进记忆的巩固，还可以消除过时的记忆、减少或屏蔽那些清醒时获得的无用信息，并支持记忆在海马体和大脑皮层之间转化，将大脑皮层中的记忆整合为更广泛的联系。

睡眠又是怎样作用于我们的情绪的呢？美国南佛罗里达大学的学者研究发现，睡眠不足会导致多种负面情绪，包括暴躁易怒、紧张、沮丧与孤独感等，更有可能会引起上呼吸道及消化系统不适。这些症状在一晚过后就会出现，并随着睡眠不足天数的增多而越来越严重。在第三到第五天，我们的身体可能会渐渐习惯睡眠不足带来的影响，但在第六天，所有的负面症状将会达到顶峰。这也是为什么女性产后容易抑郁，一是激素带来的影响，二是产后前几个月，新手妈妈因照顾新生儿几乎彻夜无法休息，最终导致情绪崩溃。

更让人想不到的是，睡眠和梦境还会给我们带来重要的灵感和启示。俄国化学家门捷列夫在给友人的信中写道："我在梦中看见了元素整齐排列着的一张表，于是惊醒，马上拿笔把它记下来。"这便是众所周知的元素周期表。物理学家尼古拉·特斯拉也提到过，他从小就有一项特殊的能力，那就是可以在梦境中做完一系列完整的实验。他在梦中把想要发明的装置稍加具象化，就能得到实验方面的结果。有相似经历的名人还有很多，比如发明家爱迪生、诗人爱伦·坡以及画家萨尔瓦多·达利，等等。由此可见，睡眠对我们的创造力至关重要。

也许读到这里，你已经开始计划着今天晚上就要早点上床，然后睡满 10 个小时了。但是，睡眠时间并非越长越好，究竟睡多少个小时才算睡饱，其实和我们的年龄也有极大的关系，比如儿童最佳的睡眠时长是 9~13 个小时，青少年是 8~10 个小时，而对于成年人来说，7~9 个小时一般就足够了。

　　睡眠障碍也不单单指睡眠时长不够，入睡困难、频繁夜醒、多梦和早醒其实也都是睡眠障碍的表现。我有一段时间，只要夜里醒来就再也睡不着了，常常从凌晨两三点一直熬到天亮，这就是典型的睡眠障碍表现。

　　导致我们睡眠质量不佳的原因其实也是多方面的，并不是一句简单的生活节奏快、压力大就可以概括总结的。哪怕只是睡前吃多了这样一个小小的举动，都可能影响我们的睡眠质量。事实上，就人类本身的生物特性来说，随着年龄的增长，睡眠缺失会越来越严重。一方面，这是因为人体内的生物钟经常会随着年龄的增长而提前，所以我们在晚上会提前感到疲劳，清晨也会更早醒来。另一方面，身体老化带来的一些慢性疼痛，比如关节和背部的不适，或者前列腺、膀胱问题带来的夜尿频繁，都会严重干扰我们的睡眠。此外，年龄越大，我们的体力活动或社交活动可能会越少。活动量不足对睡眠质量也有一定的影响。

　　一些生活习惯和生活状态可能也是导致我们无法进入梦乡的元凶。很多人都有睡前刷手机的习惯，觉得忙碌了一天，睡前消遣一下合情合理。可是，视网膜神经节细胞中的黑色素对蓝光高度敏感。夜间暴露在蓝光下，会抑制褪黑素的分泌，影响睡眠质量，也影响健康，包括情绪和荷尔蒙平衡。更严重的情况是，长期接受蓝光会使我们的视网膜细胞更容易受到损伤，长时间地盯着 LED 蓝光屏会让眼睛变得干涩，视觉模糊，长此以往会损伤视力，造成严重的黄斑性病变。

当然，蓝光并不是一无是处。蓝光本质上只是自然光的一个组成部分，我们每天接受太阳照射时，就会感受到许多蓝光。白天，蓝光其实对人体是有益处的，它不仅能够增强我们的注意力、提升反应速度，而且能调节我们的情绪。所以想要获得优质的睡眠，夜晚控制眼睛和蓝光的接触极为重要。

另一个伤害我们睡眠的元凶是大脑过度疲劳。我们的睡眠主要由植物神经系统进行调节，植物神经系统主要由交感神经与副交感神经组成，交感神经亢奋会导致人容易紧张、焦虑、烦躁、不安，还会出现心慌、耳鸣等症状，此时大脑过于紧张，无法放松，继而就会减少深度睡眠的时长，导致睡眠变浅。副交感神经能够帮助我们快速保持冷静、理性处理问题。副交感神经抑制能力的强弱，直接决定睡眠质量的好坏。副交感神经衰弱的人往往有消极、抑郁、嗜睡、疲惫等表现。人体在正常情况下，功能相反的交感神经和副交感神经会互相制约，使自主神经处于平衡的状态。而当我们的大脑过度疲劳时，交感神经和副交感神经就会失衡。

那么，到底什么样的睡眠才算得上是优质的睡眠呢？在回答这个问题之前，我们需要先了解一下完整的睡眠周期是怎样的。

睡眠周期，是指睡眠存在一个生物节律，即大约在90~100分钟的时间内经历一个有5个不同阶段的周期。

第1阶段是睡眠的开始，也是人从清醒逐渐入睡的过渡期，时间约占睡眠周期的5%。此时身体和脑部开始放松，人会感觉有些睡意，但还是很容易被唤醒，心率和呼吸开始放慢，肌肉也开始放松。

第2阶段又称浅睡期，时间约占睡眠周期的50%。此时大脑活动变慢，眼动停止，呼吸平缓，体温降低，脑部会有保护机制，产生睡眠纺锤波（Sleep spindle）隔绝外界环境，以防人被噪声等外在刺激唤醒。

第3阶段和第4阶段又称熟睡期和深睡期，均属于深度睡眠阶段，时间约占睡眠周期的25%，也被称为慢波睡眠（Slow-wave sleep）。在此阶段，心跳、呼吸和脑部活动降到最低，睡眠更加深沉，不容易被外界干扰以及被唤醒。我们常说的睡眠质量好，就是说大脑比较容易进入深度睡眠阶段，且在此阶段的时间较长。这个阶段也是身体进行修复和恢复的关键时间。在这个阶段，身体会分泌生长激素，有助于修复人体组织，促进人体生长。此外，大脑还会在这个阶段整理白天学习的知识，将其保存和储存到长期记忆中，因此睡眠质量不好的人可能容易生病，且记忆力和学习力也都会受到影响。然而，这个阶段的睡眠时间通常会随着年龄的增长而减少。一般来说，年轻人深度睡眠时间占整个睡眠时长的 20%~25%，而老年人深度睡眠时间仅占整个睡眠时长的 5% 左右。

第 5 阶段又称快速眼动期，此阶段的时间约占睡眠周期的 20%。人在这个阶段很容易被惊醒，眼球会呈现左右不停移动的现象，心跳、呼吸和脑部活动增加，因脑部活动活跃，容易做梦，脑波似乎处于清醒状态，但身体的肌肉活动力却会急速下降，尤其是维持姿态的肌群张力减退。

我们通常会在整夜睡眠中经历 4~6 个连续的睡眠周期。睡眠周期的长短因人而异，通常在 70~120 分钟之间，取其中间值就是 90 分钟。

当我们剖析完睡眠周期后，对何为优质睡眠就有了更深的感知。

那么如何才能拥有好的睡眠呢？

第一个秘诀其实有点老生常谈，但是确实非常有效，那就是运动。运动时肌细胞可以消耗大量的能量和氧气，促进新陈代谢和血液循环，促进褪黑素、甲状腺素等激素的分泌，进而调节我们的昼夜节律。此外，运动和体温的变化密切相关。体温节律是非常重要的睡眠调节器。体温升高，人往往感到清醒，脑波频率通常也比较高。体温降低，人往往感到困乏和疲劳。运动可以显著提升人的体温，延缓体温下降，这会使人在白天精力充沛，更加清醒。同时，由于运动会避免体温节律曲线的扁平化，当体温下降时，还可以降得比以往更低。体温降低，人感到困倦，所以运动过后就会感到更好入睡了。

第二个秘诀是关注肠道健康。你可能认为肠道的功能仅仅是消化食物，但其实肠道是与大脑不断沟通的智能器官，甚至被称为第二大脑。说肠道可以直接影响身体所有的运作程序一点都不夸张。

《第二大脑：肠脑互动如何影响我们的情绪、决策和整体健康》一书的作者埃默伦·迈耶（Emeran Mayer）说，有证据表明肠道与大脑之间的链接特别牢固和复杂，肠道的微生物似乎具有多种信号传导机制，可以使它们与大脑进行交流，从而影响人的情绪、食欲、压力反应以及其他许多方面。想要拥有一个健康的肠道系统，饮食调节非常重要。我们可以多吃色彩缤纷的蔬菜瓜果，同时尽量去吃一些有机食物，因为有机食物可以更好地支持微生物的健康。此外，富含糖、脂肪的食物和超加工食品会改变肠道微生物的组成，从而减少有益微生物的数量。因此，应减少这类食物的摄入，多食用未加工的、富含营养的食物，可以帮助我们更好地保护肠道中的有益菌。

第三个秘诀和光线分不开。首先是改变睡前刷手机的习惯，从而减少蓝光对视网膜的影响。其次可以借助一个简单有效的练习来提升睡眠质量，每天只需大约十分钟，就能显著改善睡眠质量。大量科学研究证据表明，清晨的光线照射能有效调节昼夜节律，改善整体睡眠。据此，美国斯坦福大学神经生物学教授安德鲁·胡贝尔曼（Andrew Huberman）提出了一个非常有意思的建议，那就是在睡醒后的30～60分钟内走出房间去看太阳。胡贝尔曼教授认为，无论是阴天还是晴天，无论当天是否有云层遮挡，每个人都应该努力让明亮的阳光进入自己的眼睛。原因很简单，我们都希望在一天中很早的时候触发皮质醇的增加，而不希望皮质醇的峰值出现在稍后的时间。

大脑神经元对明亮的光线反应极其灵敏，尤其是在每天早上醒来之后。明亮的光线会向位于我们大脑的一组神经元发出信号，这组神经元被称为视交叉上核。由此将引发皮质醇的增加，为我们的大脑和身体提供一个唤醒信号，并为我们设置一个当晚入睡的计时器。纵观全天，只有早上的阳光才有这个神奇的功效。一旦时间来到中午，无论我们是否照射阳光，或者灯光是否足够明亮，都不会改变我们的生物钟。到了晚上，如果白天没有接触足够的光线，那么就会提高眼睛对光线的敏感程度，可能会影响褪黑素的分泌，从而导致失眠。

需要注意的是，看太阳的练习并不是让我们去直视强烈的阳光。如果是炎炎夏日，阳光炙热，你可以朝着太阳的方向看，让眼睛尽可能地沐浴在阳光中。如果是晴朗的日子，眼睛只需要晒大约 5 分钟的日光浴就足够了。如果是阴天，则需要把时间延长到大约 10 分钟。如果遇上暴雨或者浓云密布的日子，那就需要延长至 20~30 分钟。在看太阳的时候，戴着近视眼镜是没有任何问题的，但是一定不要戴墨镜。因为墨镜可能会吸收太阳的光线，从而减弱阳光对我们视网膜的影响。

除了上面说的三个小秘诀，还有一个可能是你不曾想到，却同样非常重要的，那就是保持微笑。其实在我们不断地看医生、吃药，更换床垫，想要努力睡一个好觉的时候，却忽略了我们自身就有着强大的疗愈能力。而这种能力的表现之一就是微笑。遗憾的是，我们每天忙忙碌碌，被各种事情搞得焦头烂额，已经很久没有好好地休息一下，笑一下了。

2008 年，我刚刚开始工作。谁料刚踏入职场的大门就遇上了国际金融危机，我的管理培训生项目不得不终止。当人事经理告诉我这个消息的时候，我觉得天都塌了。刚就业就要面临失业，22 岁的我完全不知道该何去何从，连着 3 天都无法入眠，一个人的时候总是以泪洗面。我想不明白，明明自己没做错什么，为什么会遇到这样的事情。当时公司的楼下有一个小凉亭，旁边是一条小河。那段日子，我经常趁着休息的时间跑到楼下，坐在凉亭里对着汩汩的水流发呆。有天中午，我没吃饭，又跑到凉亭去排解情绪，突然有个人从身后叫住了我。我转身一看，是我们园区的门卫大叔。大叔笑着说："小姑娘，是不是被老板骂了？"我这才意识到自己不知不觉又哭了。他不等我回答，摆摆手说："你别看我一把年纪啦，我也经常被人骂，开门开慢了，拿错钥匙了，被人说几句都是家常便饭的事。我教你一招，下次你们老板再骂你，你就找个没人的地方，对着镜子笑一笑。哎，你甭说，只要你这么做了，马上心情就会好得不得了。你要不要现在试试看？"来自陌生人的关心让我心头的阴霾顿时散去了一大片。等他走了，我从口袋里掏出化妆镜，对着镜子里那个哭花了脸的自己，憋出一个微笑。可能那个似哭似笑的模样太滑稽，把自己逗乐了。笑完之后我突然觉得，哪怕真的要被解雇，也不是什么过不去的坎儿。那时候的我并不会想到，一周之后我就迎来了一个全新的职场机会，而且之后那段经历对我后来的人生产生了巨大的影响。

这段往事让我明白了微笑是充满力量的，而微笑的力量其实也得到了科学的验证。美国加州洛马林达大学的李·伯克博士研究发现，时常想一想让人发笑的事，可以增强机体免疫力。在面对艰难的任务或尴尬的局面时，微笑可以让人减轻压力，降低心率，保护心脏健康，促进睡眠。哪怕是强颜欢笑，也比不笑好。美国韦恩州立大学公布的研究发现，年轻时拥有灿烂笑容的人，平均寿命比经常不笑的人要高出 7 岁。其实人刚出生的时候便拥有了微笑的技能。也就是说，微笑是我们与生俱来的疗愈自己的本能。

上一次你发自内心的微笑是在什么时候？如果你也记不清了，不妨现在放下这本书，闭上眼睛，在脑海中寻找一段让你感到幸福温暖的时光，再一次回到那个时刻，舒心地微笑吧！

2.2 运动：
聪明的运动让你活力四射一整天

　　你可能不止一次看到呼吁将运动纳入每天日程的建议。对于运动带来的好处你可能早已耳熟能详，如改善心血管疾病、保持身材等。但是，你是否知道，正确的运动方式竟然可以重塑我们的大脑，为我们带来取之不尽、用之不竭的能量，让我们活力四射一整天？

　　我从小就是个不太喜欢运动的人。我尝试过很多健身班，比如跆拳道、剑道、太极拳、国标舞，结果无一让我坚持到最后。一开始，可能还有些新鲜劲儿，可是如果某一天突然有紧急的任务需要完成，我一定会牺牲运动的时间去追赶进度。最后的结果就是，好不容易培养起来的运动习惯再次归零。究其根源，那时的我一直认为运动对我的最大帮助就是可以让我不发胖。而能够让我保持身材的方法有很多，比如节食，而且节食并不需要花费我额外的时间。既然如此，我何必要每天花那么多宝贵的时间在运动上呢？

直到后来发生了一件事情，彻底改变了我的想法。那段时间我正在冲刺德语 DaF 考试。因为正处于孕晚期，我的体能消耗极快，每天复习一两个小时就开始头昏脑涨，昏昏欲睡。有一天我正准备刷一套模拟题，突然发现对面街边有一棵木槿开得正盛，紫色的花朵垂满了整个花枝，我这才发现此时阳光明媚，夏天在不经意之间悄然到来。而我已经很久没有出门好好走走了。兴致一来，我便放下笔，走出门去。屋外天朗气清，空气夹杂着花草的清香，将我备考的焦虑一扫而空。等我散步了一个小时回到家里的时候，头脑居然格外地清醒，飞快地做完了一套试题。之后我每天都保持着散步的习惯，意外地发现我的复习效率竟越来越高，心情也越来越好。我这才明白，原来运动的意义远远超出健身美体，不仅可以让人身心愉悦，甚至可以重塑大脑。

其实早在 1999 年，美国加州索尔克生物研究所的科学家们就提出了一个有趣的问题。那就是我们是否应该在学习前先去运动，激活一下大脑。之所以会提出这个问题，是因为他们通过一组小鼠的实验，意外地发现运动会引发大脑中的化学变化，可能会刺激脑细胞的产生。这项研究成果后来发表在《美国国家科学院院刊》上，研究表明运动可以增加海马体中脑细胞的数量，海马体是大脑中对学习和记忆至关重要的部分。这个实验的设计是把小鼠分为两组。一组被关在标准笼子里，只提供食物和水；另一组则被关在特殊的笼子里，里面可以使用跑步轮。索尔克生物研究所博士后、该研究的共同第一作者亨利艾塔·范普拉格（Henriette van Praag）开玩笑说："只要有机会，老鼠就会跑步，我们研究中的老鼠平均每晚跑五公里。"六周后，科学家们测试了小鼠学习水迷宫中隐藏平台位置的能力。跑步的小鼠比久坐的小鼠学习效果明显更好。这些小鼠的基因是相同的，因此这些学习效果的差异是由于它们的环境差异造成的。之后两组小鼠均被注射了BrdU（溴脱氧尿苷），用于标记分裂细胞。当检查它们的大脑海马体中新细胞的生长情况时，发现运动的小鼠比不运动的小鼠生长了更多的细胞。

在之后的研究中，科学家陆续发现运动可以促使肌肉、脂肪和肝组织释放蛋白质等其他物质，从而影响脑源性神经营养因子和其他刺激神经发生、加速新神经成熟、促进脑血管形成甚至增加成人海马体的物质。

更加让人意想不到的是，运动甚至可以改变一个人的命运，因为运动可以改变人类的基因表达。

2009 年，英国布里斯托大学的神经科学家汉斯·鲁尔（Hans Reul）等人发表了一项有关运动引起表观遗传变化的研究。他们让小鼠经历有压力的挑战，实验设计是把小鼠放进新笼子或强迫它们在烧杯中游泳。那些在跑步轮上有规律地运动的小鼠，在经历紧张后，比久坐不动的小鼠表现出更少的压力。具体的表现是运动过的小鼠花在探索新笼子或在水中挣扎的时间更少，而且它们能够很聪明地把头浮在水面上。最终结果表明，跑步和应激联合诱导的齿状回细胞基因组组蛋白乙酰化水平升高有助于动物更好地应对环境压力。[2]

2012 年，瑞典卡罗琳斯卡大学医院的学者兹尔罗斯

2　Andrew Collins, Louise E. Hill, Yalini Chandramohan, et al. Exercise Improves Cognitive Responses to Psychological Stress through Enhancement of Epigenetic Mechanisms and Gene Expression in the Dentate Gyrus [J]. PLoS ONE, 2009, 4（1）: e4330.

（Juleen Zierath）及其同事开展了一项研究，并把研究结果刊登在《细胞代谢》杂志上。这项研究发现，运动在极早期就可影响肌肉细胞的 DNA。

更惊人的是，运动还可以延缓衰老。衰老的原理是老化的细胞在对抗自由基、过度能量需求以及过度兴奋的各种分子压力上有比较低的阈值。在这个过程中，发生了神经学家所说的细胞凋亡现象，也就是原本负责生产蛋白质、清除有害废物的基因停止了工作，导致细胞死亡。当神经元由于分子压力而逐渐损耗后，会导致大脑内突触毁坏，最终神经元的连接断裂，树突会产生生理性萎缩和枯竭。轴突活动减少和树突退化，随之而来的就是滋养大脑的毛细血管也紧跟着萎缩，从而限制了脑内的血流量。脑源性神经营养因子和血管内皮生长因子也会随着我们年龄的增长而越来越少。大约在 40 岁到 70 岁之间，平均每 10 年我们就会损失平均 5% 的脑容量。

美国伊利诺伊大学的神经学家阿瑟·克雷默（Arthur Kramer）领导的一个小组，把 59 名年龄在 60 岁到 79 岁、几乎不运动的老年人分成两组。在 6 个月里，他们被要求每周进行 3 次、每次 1 小时的健身。对照组的人做一套伸展操，而另一组则在跑步机上行走，强度从最大心率的 40% 增加到最大心率的 60%~70%。6 个月后，走路组的最大耗氧量平均提高了 16%。通过比较研究对象运动前后的磁共振成像（MRI），研究人员有了重大的发现——那些体能提高的人大脑额叶和颞叶的容量也有了相应的增加，他们的大脑看起来似乎比他们的实际年龄要小两三岁。

我们曾说，知识可以改变命运。如今看来，运动也同样可以改变命运。

既然运动具有如此非凡的意义，那我们只需要坚持运动，就可以释放强大的潜能。当然，并不是让大家盲目跟风运动，而是合理选择最适合自己的运动方式。

我们先来了解一个概念——最大心率。目前比较流行的最大心率的计算公式为：最大心率 =220-实际年龄。举个例子，如果你现在是 35 岁，那么根据这个公式，你的最大心率就是 220-35=185 次 / 分钟。

知道了这个概念，我们就能更好地理解经常听到的轻度运动、中度运动和高强度运动到底是什么意思。

轻度运动指的是以最大心率的 55%~65% 的强度进行的运动。还是拿前面举的那个例子来计算，如果你的最大心率是 185 次 / 分钟，轻度运动就是指将你的心率维持在

102~120 次 / 分钟之间的运动。轻度运动可以增强人体的新陈代谢、促进身体分泌更多的血清素和多巴胺等，使我们感到更加平静和愉悦。

中度运动是以最大心率的 65%~75% 的强度进行的运动。还是以最大心率是 185 次 / 分钟为例，中度运动就是指将你的心率维持在 120~139 次 / 分钟之间的运动。中度运动在轻度运动的基础上，还可以激活大脑细胞中的蛋白质和酶，清理脑内垃圾，修复神经元，使我们的注意力更加集中，还可以增强机体的免疫力。

高强度运动是以最大心率的 75%~90% 的强度进行的运动。以最大心率是 185 次 / 分钟为例，高强度运动就是指将你的心率维持在 139~167 次 / 分钟之间的运动。当我们进行高强度运动时，脑垂体细胞会分泌生长激素，可以延缓衰老、增加大脑容量，让我们的身心变得更加强壮。

美国哈佛大学医学院临床副教授约翰·瑞迪（John Ratey）曾经提出，一个人的最大运动量应是每周 6 天，每次进行 45 分钟至 1 小时的某种形式的有氧运动。其中 4 天需要进行每次 1 小时左右的中度运动，另外 2 天则应该进行每次 45 分钟左右的高强度运动。

在运动方式的选择上，我们也需要做一些搭配，因为不同类型的运动会刺激我们不同的脑区，收到不同的效果。比较常见的组合是有氧运动搭配力量运动。美国佛罗里达州立大学曾对 184 名认知健康的人进行评估，他们的年龄从 85 岁到 99 岁不等，每位参与者都报告了自己的运动习惯，并接受了一系列全面的神经心理学测试。最终发现，与久坐不动或只参加有氧运动的人相比，经常参加有氧运动和力量运动的人在认知测试中表现更好。那些将游泳、骑自行车等有氧运动和举重等力量运动一并纳入日常生活的人，思维敏捷度更高、反应更迅速，而且转换思维的能力更强。

对于很多人来说，理解运动的好处不是难事，难在如何坚持。曾有一项统计发现，有大约二分之一的人开始一个新锻炼计划后，会在 6 个月到 1 年之内放弃。对于这一点我深有感触，因为我也曾是一个不断制订锻炼计划，不断半途而废的人。当我反思为什么自己的锻炼计划屡屡失败的时候，我发现了两个很重要的问题。第一个是我对自己的要求太高，比如要求自己每天坚持 40 分钟以上的高强度间歇训练，第一周可能还很享受大汗淋漓的快感，到了第二周就已经觉得生不如死了。第二个问题是缺乏积极有效的反馈，不能让我从心里真正爱上运动。当我根据这两个问题调整了方案后，运动终于成了一个让我心情愉悦的日常习惯。

当你准备开始一个新的锻炼计划时，最重要的就是循序渐进，从自己喜欢的轻度运动开始。如果你一直都是一个不怎么爱动的人，千万不要一上来就挑战高难度的帕梅拉，那只会打击你运动的积极性和自信心。你可以尝试从低强度的有氧运动开始，让身体适应一下运动的节奏。常见的有氧运动包括散步、快走、慢跑、骑自行车、游泳，等等。比如对我来说，散步是最轻松的运动，因为它不会让我气喘吁吁、大汗淋漓，在连续好几个小时的高强度脑力活动之后还可以帮助我放松。所以我的运动习惯养成就是从散步开始的。我会每天午饭之后散步一个小时。阳光明媚的日子，可以一边散步，一边欣赏邻居的花园，偶尔和路人攀谈，让我心情格外舒畅。如果遇上雨天，撑起一把伞，在伞下听着淅淅沥沥的雨声，看着被雨水打湿的花草树木也是一道别样的风景。

你可千万不要小看轻度运动，约翰·瑞迪和埃里克·哈格曼（Eric Hagerman）在《运动改造大脑》这本书里写道，如果你以最大心率的55%~65%的强度每天步行 1 小时，那么你在这个时限内的行走距离自然而然会增加，你的体形也能逐渐改善，在这个运动强度下，你消耗的脂肪转化成了能量，由此开始增强你的新陈代谢。低强度燃烧脂肪的运动还增加了血液中游离色氨酸的量，色氨酸是合成有稳定情绪作用的血清素的必需成分。这一强度的运动还改变了去甲肾上腺素和多巴胺的分布。耐心、乐观、专注和坚持不懈的动力这些特性都受控于血清素、多巴胺和去甲肾上腺素。

当你的身体慢慢适应了运动的节奏之后，你会发现每天不运动一下就会浑身难受，这就是一个良性反馈的开始。

另一个可以让运动变成一个快乐习惯的小技巧就是与好朋友组成运动小组，并给自己及时的奖励。你不需要和小伙伴约着一起运动，因为有时候会受到时间和地域的限制，借助一些 App 互相分享运动的喜悦特别有效。我在运动初期之所以可以坚持，是因为那时候我的好朋友建了一个运动群，我可以随时在群里看到其他人每天的运动打卡情况，并且可以看到他们拍的照片，看到运动让他们发生的巨大变化。这种结伴而行，不仅可以从他人那里获得驱动力，更重要的是一种积极能量的流动。在这种快乐和正向的能量之中，身体自然而然地想要参与，一起运动起来。

所谓及时的奖励其实就是不断给予自己正向的反馈。为什么你会放弃运动？很多时候是因为当你凭着强大的意志坚持运动一周，带着一身酸痛的肌肉，满怀期望地站到电子秤上，看到的却是毫无变化的数字，瞬间就彻底泄气了，你觉得自己的努力都是徒劳。这就是因为没有建立积极的正向反馈机制。只有让我们时时刻刻看到进步，我们才有信心面对未知的困难，勇敢地往前走。所以我当时把自己的一个个小小的心愿和运动结合起来，比如本周我顺利完成运动计划，周末我就奖励自己去看一场电影。现在有很多运动 App 也开发了类似的功能，每次运动都会积分，达到一定的积分可以解锁一些免费课程或是获得一个称号奖牌，也可以视为积极的正向反馈。这些都会强化我们的成就感，让我们有足够的信心将运动坚持下去。

谈了很多运动的好处以及运动的技巧，其实无非是为了让我们明白，运动是一场重新认识自己的修行之旅。在这个过程中，我们会重新拾起遗落的身心，修行于身，也修行于心，让我们更多地听到身体的声音。我们不需要借助外在的仪器，也不需要刻板地用时间的长度来衡量每一次运动，身体永远会以最诚实的方式回应我们，也值得我们给予其回应。

　　如果你在寻找一种灵丹妙药，能够让你身强力壮、能量充沛，不如从现在开始打开房门，迈开脚步，坚持运动，你就会发现不一样的自己。

2.3 饮食：
吃得不对，干活疲惫

　　如果食物在你的眼中只等同于吃喝，那么你可能忽略了食物真正的力量。

　　很多年前，我曾领略过一次食物的力量。有一天晚上，几个年轻人神色匆匆地来找我，说他们的室友在房间里三四天没出门，刚才发消息跟他们告别，说要结束自己的生命。我立刻拿了钥匙开车前往他们的出租屋。临出发前，我想到他们说室友三四天没出门，便鬼使神差地拿了一桶泡面。到了出租屋，那个年轻人一开始不愿意开门，我就隔着一扇门，跟他聊起我第一次离开家乡去异地求学，遇到的各种各样的挫折。也许是好奇，门忽然开了，然后我看到了一个面色苍白、又高又瘦的男孩。我并没有询问他任何问题，也没有追问他为什么给室友发那样的消息，我们就像一见如故的朋友一样，有一搭没一搭地聊着天儿。也不知道是我的哪一个故事触动了他，他突然开始抹眼泪。我给他递上纸巾，然后默默走到厨房给他泡了那桶泡面，对他说："来，边吃边聊。"他三下五除二吃完了泡面，然后用力地用手背擦了一把不知道是不是辣出来的眼泪，对我说："姐姐，这是我吃过的最好吃的泡面。肚子饱了，突然什么都不怕了。谢谢你。"后来那个男孩顺利毕业，也找到了一份心仪的工作。春节时他给我发消息拜年，写了这样一句话："那碗面真辣，但是每次我遇到困难，都会想起它的味道，特别辣，又特别带劲。"

那个瞬间，我突然感悟到，原来是食物构造了我们的整个世界。

人体的能量主要来源于食物。人类的进化历史，特别是大脑的发育，与饮食中各种各样的营养物质密不可分。除了供给我们必需的生命能量，食物也随着环境的变化帮助我们塑造自我本体、文化，甚至信仰。食物对于人类而言，有着极为重要的根基意义，影响着我们的大脑和内心世界。

哈佛大学医学院营养精神病学家乌玛·奈杜（Uma Naidoo）博士认为，在人体器官中，大脑是最容易受到不良饮食损害的。其中有四类食物对我们大脑的影响较大。

第一类是酒精。更高酒精摄入量与海马体萎缩风险增加相关，且呈现出剂量依赖性效应。同时，更高的酒精摄入量还与认知衰退的风险增加相关。

第二类会伤害大脑的食物是油炸食品。吃油炸食品确实会给人带来一时的快感，沾满油的手指和食物酥脆的口感，都会带给人极大的满足感。可是我们的大脑并不喜欢这一类食物。一项涉及 18080 人的研究发现，油炸食品摄入量大的饮食与学习和记忆得分较低有关。科学家认为油炸食品可能会损害为大脑供血的血管。另一项研究调查了 715 人，测量了他们患抑郁症的概率和精神恢复力的水平，还记录了他们对油炸食品的消费情况。结果发现，那些食用更多油炸食品的人，在其一生中更有可能患上抑郁症。我们在贪恋一时的大快朵颐时，也需要多关心我们的大脑，适当地控制和减少油炸食品的摄入量。

第三类大脑不欢迎的食物是含糖饮料。含糖饮料包括碳酸饮料、能量饮料和果汁饮料（不包括纯果汁）等。许多含糖饮料的主要成分是高果糖玉米糖浆，它是一种廉价的强效甜味剂。如果长期过量摄入这一类果糖，在肝脏中合成的甘油三酯通过血液被运输到其他的组织和器官后，可能导致肥胖、高血压、高血脂等疾病，甚至可能导致大脑中胰岛素抵抗，造成记忆力、学习力降低，阻碍大脑中神经元的形成。

第四类需要我们控制的食物是精制碳水。精制碳水化合物是指经过大量加工的单一碳水化合物（如精制加工糖）和精制复合碳水化合物（如精制谷物），它们的天然纤维已被去除或改变，很容易被吸收到我们的血液中，并使我们的血糖水平升高。

美国俄亥俄州立大学行为医学研究所的研究员、精神病学和行为健康学副教授鲁斯·巴里恩托斯（Ruth M.Barrientos）曾领导过一个实验，目的在于研究高度加工的食物对于大脑的影响。研究小组将 3 个月大和 24 个月大的雄性大鼠随机分配给予正常的饲料以及高度加工的食品，发现仅食用加工食品的老年大鼠的海马体和杏仁核中都出现了炎症现象。在行为实验中，食用加工食品的老年大鼠还表现出记忆力下降的迹象，这在年轻大鼠身上并不明显。老年大鼠在几天内就忘记了在一个陌生的空间里度过的时间，并且没有对危险提示表现出预期的恐惧行为。这些发现表明，食用加工食品会导致明显和突然的记忆缺陷——而在老年人中，快速记忆衰退更有可能发展成神经退行性疾病，如阿尔茨海默病。[3]

既然我们的大脑如此容易受到食物的影响，那么合理饮食，更好地保护大脑，激活我们的能量就显得尤为关键。

科学饮食的首要准则，就是要做到量入为出，也就是说我们需要先搞清楚自己每天的消耗量，再制定每天饮食摄入的标准。如果摄入的能量差不多等于消耗的能量，便是最理想的情况，可以让我们保持体重稳定，身体健康。如果摄入的能量大于消耗的能量，就会导致肥胖，诱发心脑血管疾病。如果摄入的能量小于消耗的能量，就会导致我们消瘦。

如何才能知道自己每天消耗多少能量呢？这里有一个简单的原则，一般来说，一个人如果躺着不动，室温能够保持在 20~25 摄氏度，成年男性每天的消耗量约为 1400

---

3 Michael J. Butler, Nicholas P. Deems, Stephanie Muscat, et al. Dietary DHA prevents cognitive impairment and inflammatory gene expression in aged male rats fed a diet enriched with refined carbohydrates [J]. Brain Behavior and Immunity, 2021, 98: 198-209.

千卡，女性则约为 1300 千卡。当然这个数值只是个平均值，具体的情况因人而异，与每个人的身高、体重及活动量都有关系。同时，每天参与不同的活动对于不同营养素的消耗也是不同的。比如经常运动的人和体力劳动者消耗的碳水化合物要更多；脑力劳动者则需要多补充蛋白质、维生素、矿物质等；熬夜会消耗更多的维生素 A、B 族维生素、磷脂和蛋白质等。

《中国居民膳食指南（2022）》（以下简称《膳食指南》）提出了科学饮食的另一个重点，就是要保持饮食的多样化，才能保证摄入的营养素足够均衡，并给我们列出了各种食物的摄入量参考。多样化饮食指每天的膳食应包括谷薯类、蔬菜水果类、畜禽鱼蛋奶类、大豆坚果类等。《膳食指南》建议每个成人每天要摄入 12 种以上的食物，每周摄入 25 种以上的食物。平衡膳食模式中，碳水化合物供能占膳食总能量的 50%~65%，蛋白质供能占 10%~15%，脂肪供能占 20%~30%。具体分配比例如下：

水：水是膳食的重要组成部分，是一切生命活动必需的物质，建议每日至少摄入 1500~1700 毫升。

谷薯类：谷薯类是膳食能量的主要来源，也是多种微量营养素和膳食纤维的良好来源。《膳食指南》中推荐 2

岁以上健康人群的膳食应做到食物多样、合理搭配。以谷类为主是合理膳食的重要特征。在 1600~2400 千卡能量需求量水平下，建议成年人每人每天摄入谷类 200~300克，其中包含全谷物和杂豆类 50~150 克，薯类 50~100克（从能量角度来看，相当于 15~35 克大米）。

蔬果类：蔬菜、水果是膳食纤维、微量营养素和植物化学物的良好来源。在 1600~2400 千卡能量需求量水平下，推荐成年人每天蔬菜摄入量至少达到 300 克，水果200~350 克。需要注意的是，果汁饮料不能代替水果。

畜禽鱼蛋等动物性食物：新鲜的动物性食物可提供人体所需要的优质蛋白质、维生素 A、B 族维生素、脂肪和胆固醇。但过多摄入会对健康不利，因此要适当食用，不要过量。在 1600~2400 千卡能量需求量水平下，推荐成年人平均每天摄入动物性食物的总量在 120~200克之间。

奶类、大豆和坚果类：奶类、大豆和坚果富含钙、优质蛋白质和 B 族维生素，有助于降低慢性病的发病风险。在 1600~2400 千卡能量需求量水平下，推荐成年人每天摄入相当于 300 克鲜奶的奶类及奶制品、25~35 克的大豆及坚果。

盐油类：食盐、烹调油和脂肪摄入量过多是导致肥胖、心脑血管疾病等慢性病发病率居高不下的重要因素，建议尽量养成饮食清淡的习惯，少盐少油，推荐成年人平均每天食盐的摄入量不超过 5 克，烹调油保持在 25~30克。在 1600~2400 千卡能量需求量水平下，脂肪摄入量为 36~80 克。

此外，如果你希望每一天都能保持头脑清醒，尤其是在午后不会瞌睡连连，避免主食过量，控制好升糖指数（Glycemic Index，简称 GI）至关重要。

提到升糖指数，我不由得想起多年前的一桩旧事。我有个朋友在日本留学，后来留在那里做了医生。那一年我去日本旅游。多年不见，她便趁着午休邀请我一起吃午饭。当时她点了满满一桌菜，可是当我狼吞虎咽的时候，她却只喝着一杯乌龙茶，吃几片黄瓜。我问她为什么不吃饭，是不是在减肥。她摇着头说："这是我很多年的午餐习惯了。如果吃得太饱，升糖指数太高，下午就得打瞌睡，没法工作了。"

升糖指数，全称血糖生成指数，是一个用来衡量食物中碳水化合物引起血糖升高速度和能力的指标。它其实是一个比值，指的是一定时间内，食物中所含的碳水化合物与同等质量的葡萄糖所引起血糖上升程度的比（通常把葡萄糖的升糖指数定为 100）。数值越大，就说明食物中所含的碳水化合物令身体血糖的上升幅度越大。比如馒头、米饭的升糖指数在 88 左右，苹果的升糖指数大约是 36，牛奶的升糖指数约为 27。

食用高升糖指数食物后，比如米饭、面条等以碳水化合物为主要成分的食物，以及高油、高糖的食物，血糖将升高得很快。血糖如果上升得过快，会导致胰岛素快速地分泌，大量色氨酸进入大脑。色氨酸是合成褪黑素的重要原料，褪黑素能增强睡意，人自然会觉得疲惫。此外，吃得太饱，大量的血液来到消化道，也会让大脑供血量降低，使人觉得疲惫。这些因素叠加在一起，就会让我们觉得饭后犯困、精力不济、昏昏欲睡。

所以，如果想要解决饭后犯困的问题，我们需要做的就是不要吃得太饱，同时尽量选择低升糖指数食物。哪些食物的升糖指数比较低呢？你不需要熟记一整张升糖指数表格，这里有一个非常简单的原则，那就是同样的食材，加工得越精细、烹煮得越软烂、越易咀嚼，则消化得越快，升糖指数就会越高。以米饭为例，整粒的米饭升糖指数最低，如果煮成粥，煮得越烂，越软糯，血糖上升得越快，升糖指数越高。因此，如果想让食物的升糖指数低一点，那就尽量懒一点。在烹饪的时候不要加工得过细，烹调至可咀嚼的程度即可。吃水果的时候也懒一点，尽量不要打成果汁，而是直接吃。通常这样做基本就可以有效地控制升糖指数了。

除了升糖指数，还有一个有趣的饮食指数，对我们的健康和精力管理也有着很好的指导意义，那就是营养质量指数（Index of Nutrition Quality，简称 INQ）。食物所含营养素占供给量的比与该食物所含热能占供给量的比之比，就是它的 INQ。换言之，如果食物里某营养素含量越高，无论是蛋白质、矿物质、纤维素，还是维生素，热量含量越低，那它的 INQ 就越高。这个指数为我们评价食物提供了一个很好的角度，包括了营养和热量两个维度。

不过 INQ 也有其本身的限制性。因为每一类食物都含有很多种营养素，我们很难把所有营养素的 INQ 全部比一遍。针对这个难题，美国耶鲁大学的研究者开发了一个叫作 ONQI（Overall Nutritional Quality Index）的体系，即综合营养质量指数。顾名思义，就是把食物中各种营养素的 INQ 做一个加权，算出其综合得分，并且按照

1 到 100 做出一个排序。有了这个全新的指标，我们一眼就能看出食物的营养和热量情况。根据 ONQI，我们可以得出以下规律：

深绿色的蔬菜 ONQI 最高，比如菠菜、西蓝花；

其他新鲜蔬菜、水果、豆类、坚果，ONQI 较高；

米、面、甜食等基本上都是热量，营养含量很低，ONQI 也比较低；

精加工的食物，尤其是饼干、薯片一类，ONQI 很低。

根据这个规律，我们就不难做出健康的饮食选择和搭配了。

当我们选择了合适的食物，接下来需要做的就是遵循健康的饮食方法，做到少吃、慢用、多餐。在进餐的时候，每次吃到 7 分饱就可以了，并且多咀嚼一会儿。至于多餐，一般我比较喜欢的方式是五餐制，具体说来就是：

早上 7 点—8 点吃早餐，尽量多吃以高蛋白和高纤维为主的食物，不要吃得过饱；

上午 10 点—11 点是加餐时间，可以吃一把坚果或者一小盘水果；

12 点—下午 1 点吃午餐，需要摄入大量的蔬菜以及像鸡肉、鱼肉这样的高质量蛋白质，大概吃到 7 分饱就可以了；

　　下午 3 点—4 点是下午茶时间，可以适当吃一些水果和坚果，比如蓝莓、草莓；

　　晚上 6 点左右是晚餐时间，可以适当增加一些碳水化合物的摄入，比如谷物杂粮。

　　自从遵循了这样的五餐制原则，我明显感到自己的精力充沛了很多，身体也更加健康。

　　此外，有一种饮食方式近年来颇受人们推崇，也可以作为我们饮食的参考选择，那就是地中海饮食。

　　在之前的内容里，我们提到了饮食对大脑的影响。对此，科学家曾经专门研究对比了长期选择地中海饮食和其他饮食的人们的大脑。脑科学专家丽莎·莫斯考尼（Lisa Mosconi）博士曾经展示过一张磁共振成像对比图。

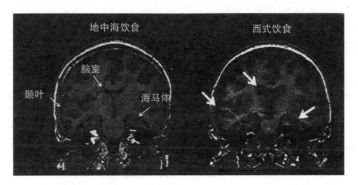

两名不同饮食习惯女性的脑部磁共振成像对比图[4]

　　上图是两名 50 岁左右女性的脑部磁共振成像，右图中箭头所指的黑色部分是大脑萎缩的部位，由神经细胞死亡所致。与左图相比，右图的黑色区域更多。右图中的脑室更大，海马体和颞叶被液体包围（液体在图中显示为黑色），这些都是衰老提前和未来患老年性痴呆风险增高的迹象。

　　左图是一名 52 岁希腊女性的脑部磁共振成像，她一生大部分时间都遵循着地中海饮食模式。早在 20 世纪 50

4　Mosconi L, Murray J, Tsui WH, et al. Mediterranean Diet and Magnetic Resonance Imaging-Assessed Brain Atrophy in Cognitively Normal Individuals at Risk for Alzheimer' s Disease [J]. Journal of Prevention of Alzheimer' s Disease, 2014, 1: 23-32.

年代，美国生理学家安塞尔·凯斯（Ancel Keys）在研究不同国家的不同饮食习惯人群时发现，希腊、意大利等环地中海地区的人们患心脑血管疾病的概率相对较低，他认为这很可能与当地人长期选择植物油和低饱和脂肪酸饮食的习惯有关，所以以将这种饮食习惯称为地中海饮食。

地中海饮食是一种以自然营养物质为基础的膳食模式，强调多吃蔬菜、水果、海鲜、豆类、坚果类食物，其次才是谷类，并且烹饪时使用含不饱和脂肪酸的植物油来代替含饱和脂肪酸的动物油。这类饮食方法曾在美国新闻网公布的 2020 年最佳饮食排行榜中夺得榜首。

德国神经退行性疾病研究中心的研究人员曾进行过一项研究，这项研究共有 512 人参加，包括 169 名认知正常的参与者和 343 名有较高阿尔茨海默病患病风险的参与者。研究人员通过饮食摄入频率的问卷调查，分析了参与者对地中海饮食的依从性，另外还对参与者进行脑部扫描以确定大脑容量，并通过神经心理评估检测其认知情况，包括语言、记忆力和执行能力。

此外，在这项研究中，226 名参与者接受了腰穿检查，以评估地中海饮食与脑脊液中与阿尔茨海默病有关的两类蛋白质 β - 淀粉样蛋白和 tau 蛋白的沉积情况。结果发现，对地中海饮食依从性不高的参与者，β - 淀粉样蛋白和 tau 蛋白病理学生物标志物的水平较高，而且认知能力较差。

研究人员还发现，在对年龄、性别和受教育程度等因素进行调整后，地中海饮食量表评分较低者，大脑衰老速度较快。简言之，地中海饮食可以保护大脑，防止蛋白质沉积和脑萎缩。[5]

或许你会觉得，地中海饮食并不符合中国人的饮食习惯。作为民以食为天的美食大国，我们的烹饪方式千变万化，如果餐餐遵循地中海饮食原则，那将索然无味。因此近年来，很多营养学家对地中海饮食进行了中国本土化的改良。具体来说，只需要做到以下五点，就是一个符合中国胃的地中海饮食方式。

增加粗粮，减少精米白面。蒸米饭时加入糙米等全谷物，面食优先选择杂粮面制品，或者以一定比例的粗粮替换白米白面，以富含膳食纤维、B 族维生素和微量元素的杂粮、全谷物食物为主食。

---

5 Ballarini T, Melo van Lent D. Mediterranean Diet, Alzheimer Disease Biomarkers and Brain Atrophy in Old Age [J]. Neurology, 2021, 96 (24): e2920-e2932.

增加瓜果蔬菜及坚果。与西方凉拌沙拉的蔬菜烹饪方式不同，中国人日常烹饪蔬菜以炒为主，虽然加热后会造成一些维生素的流失，但只要每天摄入 300~500 克蔬菜和 200~350 克水果，仍可补充多种维生素、矿物质及膳食纤维。同时，在日常饮食中增加坚果的摄入，以补充不饱和脂肪酸，每天大约 10 克。

减少红肉，增加鱼虾。猪牛羊肉等红肉的脂肪含量较高，且以饱和脂肪为主，对我们的心脑血管和大脑的健康都有风险。我们可以适当增加以不饱和脂肪酸和蛋白质为主的鱼虾类海产品。

增加乳制品。我们的饮食中很少使用到奶油奶酪，我国居民的每日摄奶量远低于推荐量（奶类及奶制品每天约300 克），因此需要提高奶类产品的摄入量。鲜牛奶是一个不错的选择，对于肠道健康也十分有益处。

合理选择食用油。地中海饮食中，油类以橄榄油为主，其中的单不饱和脂肪酸对血脂、血糖均有改善作用。我国的烹调油以菜籽油、豆油、花生油等植物油为主，在日常饮食中，不需要将所有的烹调油全换成橄榄油，但可以尝试用橄榄油烹饪凉拌菜。

2009 年的秋天，我和好朋友去尼泊尔旅游，在喜马拉雅山脚下徒步。不熟悉环境的我们在绵延的山地中迷路了。午间的日头晒得我们口干舌燥，走了四五个小时抬头看去还是望不到头的群山。携带的干粮已经吃光，水也已经全部喝完，那个瞬间，我的心里只有恐惧和绝望。突然，朋友惊呼一声："有苹果！"然后利索地爬上不远处一棵苹果树，摘下一个青色的小苹果，贪婪地咬了一口，然后把树上不多的果子摘下来扔给我们。在咬下苹果的一瞬间，我内心的恐惧和绝望神奇地消退了一半。从那一刻起，我明白了人类对饮食的虔诚。

一日三餐看似稀松平常，却藏着莫大的人生智慧。愿你做一个美好的人，从好好吃饭开始。

2.4 休息：
不是所有的休息都是有效休息

你是否有过这样的经历，连续高强度工作了五天，好不容易到了周末可以在家里休息一下。可是你躺了两天，刷了手机，看了电视，吃了炸鸡，喝了可乐，周一却还是疲惫不堪，就好像完全没有休息一样。这是为什么呢？

为了解答这个问题，我们可能需要重新了解一下休息的概念。

我们都明白劳逸结合很重要，但遗憾的是，我们对于如何科学高效地休息知之甚少。很多人认为，休息就是当我们辛苦工作了一天，身体劳累不堪的时候才需要进行的事情。我们往往会选择睡觉或者泡澡来缓解身体的疲惫感。但其实这两种方式虽然让我们的身体得到了短暂的调整，大脑的疲劳感却并未减轻。因为哪怕你就是躺在床上无所事事地发呆，你的大脑还是会觉得疲劳。

大脑的质量虽然仅占我们身体质量的 2%，却消耗着身体 20% 的能量。这些被消耗的能量绝大部分用在了预设模式网络（Default Mode Network，简称 DMN）这个大脑回路中。DMN 是指由内侧前额叶皮质、后扣带回皮层、楔前叶、顶叶等构成的大脑网络，它会在大脑未执行有意识活动时自动进行基本运作。有统计说，DMN 占大脑消耗能量的 60%~80% 之多。也就是说，只要 DMN 持续运作，大脑就永远不会获得休息，无论你是在睡觉，还是在发呆。大脑的疲劳感比身体的疲劳感来得更快，因此，当我们感到身体筋疲力尽时，往往大脑早已透支。

这也是我们越休息越累的原因。我们认为休息是觉得劳累之后才需要进行的被动的无功能的活动，然而，脑科学研究发现，休息是有功能的。除了恢复被消耗的体力、脑力及心力，大脑神经系统也是在休息时进行重组与强化的，甚至还会为未来将要进行的任务提前做好准备。这些通常是在不自觉的情况下发生的，因此，休息是一项我们应该主动进行的活动。

造成我们疲劳的原因是多方面的，不仅仅是工作和生活的压力。为了让我们真正有效地进行休息，我们需要判断出导致疲劳的真正原因，并且采取与之相匹配的休息方式，让我们的大脑得到真正的休息。

心理学家桑德拉·道尔顿－史密斯（Saundra Dalton-Smith）博士曾提出过一个非常具有借鉴意义的理论，即应对人们的疲劳，有七种对应的休息方式：身体休息、心智休息、感官休息、社交休息、创造力休息、情绪休息和精神休息。

第一种休息方式是身体休息，这种休息可以是被动的，也可以是主动的。被动的身体休息包括夜晚的睡眠和白天的小睡，而主动的身体休息则包括有助于改善身体循环和柔韧性的恢复性活动，例如瑜伽、跑步和按摩等。

第二种休息方式是心智休息。在我工作最繁忙的一段时间里，每天早上必须喝两大杯特浓咖啡才能完全清醒，且特别容易暴躁。劳累了一天回到家，躺在床上却又睡不着，白天发生的事情、同事说的话、发送的邮件内容历历在目，不知道什么时候进入的梦乡，一觉醒来还是头昏脑涨，然后又开始这样周而复始的生活。如果你也遇到了类似的情况，就说明你需要进行心智休息了。心智休息的方式非常简单，不需要请假，只需要在工作的时候，每隔一个小时提醒自己进行一次短暂的休息，比如去泡一杯茶、离开座位动一动，等等。这段休整的时间可以让我们放慢速度，舒缓紧张的神经。

如果你是很难入睡，脑子里思绪很多的人，不妨尝试在床边放一个记事本，记下那些让自己担心烦恼的事情，然后去评估这些事是不是值得你今晚熬通宵去思考，或许你会发现，其实很多事情并没有那么重要和急迫。

第三种休息方式是感官休息。明亮的灯光、电脑屏幕、环境噪声和过多的对话——无论是在办公室还是在进行线上会议，都会让我们的感官感到无所适从。这时候我们就可以采取简单的感官休息，比如在一天中时不时闭上眼睛一分钟、睡觉前将电子设备关闭。培养这种简单的习惯将能减少外在的过度刺激对我们的感官造成的损害。

第四种休息方式是社交休息。社交是人类作为社会性动物所必须进行的活动。在人际交往中，健康的关系会带给我们能量和滋养。然而，并不是每一段关系都是积极和正向的，总会有一些关系让我们筋疲力尽。在这种情况下，进行社交休息十分必要，请多与积极正向的人在一起，让自己可以受到他们正向的鼓舞。对于消极的关系，则需要减少或暂停。

第五种休息方式是创造力休息。这种类型的休息对于需要进行创意工作的人群来说尤其重要。创造力休息会重新唤醒我们内心的能量和好奇。你可以选择来到户外，让自己与大自然尽情接触。不过，创造力休息不仅仅是感受自然，还包括欣赏艺术。有一个简单的方式就是可以在办公桌上摆放一些你喜欢的画或者小摆件，将工作场所打造成一个灵感之地。如果每周 40 个小时都只盯着空白的墙壁，真的很难闪现出创意的火花。

第六种休息方式是情绪休息。你是不是那种很难对别人说"不"的人？你努力成为大家可靠的伙伴，以至于任何人需要帮忙的时候，脑海中第一个浮现的人都是你。即使你真的很累，但当别人请求你帮忙熬夜加班时，你也没有办法拒绝。如果你正处在这样的困境中，那么你需要做的正是情绪休息，你需要勇敢地表达你的感受并减少取悦他人的次数。

情绪休息是需要勇气的。当别人拜托你分担工作时，你可以礼貌地对他说："对不起，这个忙我真的帮不了，我手上有个项目就要结项了，确实没有时间。"当别人问你最近怎么样，你可以坦然地回一句"其实并不好"。这些并不是什么坏事。就像万事万物都在振动一样，情绪也是如此。我们有斗志昂扬、元气满满的时刻，也会有筋疲力尽、迷茫失落的阶段。休息好了才能更好地出发。

最后一种休息方式是心灵层面的休息，也就是精神休息。这是一种身体和精神重新连接的能力，通过冥想或者参与志愿者服务等，让我们感受到一种深刻的自我连接和接纳感，从而从内心深处散发出利他和爱的能量。

除了选择合适的休息方式，我们还可以搭配三个小技巧，确保我们可以时时刻刻保持最佳状态。

第一个技巧是 90+30 工作法，即每工作 90 分钟，强制自己休息 30 分钟，如此循环往复。为什么是工作 90 分钟呢？科学家研究发现，人体内有一种周期性规律，叫作次昼夜节律。次昼夜节律以 90 分钟为周期，人的清醒度也会以 90 分钟为周期发生变化。斯坦福大学睡眠机体节律研究所对人类的脑电波研究发现，人脑比较清醒的 90 分钟和产生倦意的 20 分钟会交替来到，形成一个循环。90 分钟内，人的脑电波活动增加，心跳加快，激素水平升高。90 分钟之后，身体就会发出渴望修复的信号，让我们无法集中注意力。所以采用 90+30 工作法，可以让我们的大脑得到及时休整，从而让我们一直保持高效能。

第二个技巧被称为莫法特休息法。《圣经·新约》的译者詹姆斯·莫法特（James Moffatt）的书房里有三张书桌：第一张书桌上摆着他正在翻译的《新约》译稿，第二张书桌上摆的是他一篇论文的原稿，第三张书桌上摆的是他正在写的一部侦探小说。莫法特的工作方法是翻译累了，就换到第二张书桌写论文，写论文累了再换到第三张书桌写小说。这个方法的原理是休息不一定需要我们停止工作，尤其对脑力工作者来说，切换不同的思考主题，对大脑来说是更好的休息方式，可以让大脑从上一个主题的压力中放松下来，又能补回刚刚消耗的精神力，甚至还能因为切换主题而找到新的动力。这就像物理中的能量守恒定律一样，能量既不会凭空产生，也不会凭空消失，它只会从一种形式转化为另一种形式，或者从一个物体转移到其他物体，而能量的总量保持不变。既然能量的总量是不变的，我们掌握了莫法特休息法，就能更好地让大脑得到休息，事半功倍。

使用莫法特休息法有一个关键点，那就是需要切换不同性质的任务，如果任务的主题太过相似，则大脑不一定会得到有效的放松和休息。所以我们可以进行合理的配搭，比如抽象与形象交替，当我们阅读纯文字书疲劳的时候，可以欣赏一些艺术画册；再比如动静交替，当我们长时间伏案工作之后，可以选择来到室外，呼吸一下新鲜空气，听一听音乐，等等。

第三个技巧是我持续使用了很多年的技巧，被称为非睡眠深度休息（Non-Sleep Deep Rest，简称 NSDR）。NSDR 是斯坦福大学神经生物学教授安德鲁·胡贝尔曼创造的一个术语。几年前，我每天都在家庭、工作和公益事业之间奔波忙碌，每天都觉得体力不济，累得话都不想说。第一次尝试 NSDR 只用了我 15 分钟时间，在那 15 分钟后，我度过了一个容光焕发的下午，丝毫没有觉得疲劳。后来我将这个技巧分享给了我的朋友们，大家的反馈也很好，都觉得这是一个如魔法一般神奇的方法。

2022 年 2 月，谷歌首席执行官桑达尔·皮查伊（Sundar Pichai）在接受《华尔街日报》采访时提到，他觉得 NSDR 是非常棒的身心休息术，之后这个方法便开始在全世界风靡并逐渐成为主流。

安德鲁·胡贝尔曼表示，NSDR 是将自身引导至平静的状态，将自己的注意力聚焦在某件事上，透过练习，能帮助人们放松身心、减缓压力与焦虑，并且助眠，甚至提升学习能力。他本人也是 NSDR 的长期练习者，他曾在推特上写道："我私下每天练习 NSDR 已经超过十年了，我发现它是用来补眠、提升专注力与神经可塑性的有效工具之一。"

这里我们就不得不提到神经可塑性（neuroplasticity）这个概念。神经可塑性指的是神经系统在发育过程中或受到损伤后，能够通过改变其结构和功能来适应内外环境变化的能力。当进行新的体验和学习时，大脑会建立一系列神经回路。这些神经回路或通路是由相互连接的神经元组成的。通过反复实践和获得新的知识，神经元之间的突触连接会得到加强。这意味着当创建或使用新的神经网络时，神经元之间的连接可以更有效地进行。重新访问神经回路和重建每个新技能所牵连神经元间的连接，将会提高突触传递的效率。突触可塑性也许是大脑可塑性的根本。所谓的实现神经可塑性，其实就是让大脑神经产生改变。神经可塑性使得改变思考方式、学习新事物、忘记痛苦经历、提升自己成为可能，对于我们有着重要的意义。

目前网络上可以找到很多录制好的 NSDR 引导练习音频，可以尝试找一个 10~15 分钟的音频跟随练习。如果你是第一次练习，可以参考以下步骤操作：

找一个舒适且不会被打扰的空间，放松全身，这样可以更好地感受自然的频率波动，可以准备一张瑜伽垫，躺着进行练习。

确保周围环境的温度和湿度让你感到舒适，选择宽松柔软的衣物，这将会帮助你在整个过程中更加舒适。

关闭房间内的灯光和所有电子设备，使所有外在因素都无法对你造成干扰，以免分心。

如果你在练习的过程中睡着了也没有关系。根据我的经验，即便睡着了，每次练习结束之后，我都会很快清醒。更多的时候，我是一种半睡半醒的状态，这种状态往往会带给我最舒服的体验。

其实无论用什么样的技巧和休息方式，最重要的是当你每天忙忙碌碌，无法停下脚步的时候，留给自己哪怕一分钟的时间，放慢你的脚步，感受一下你的身体，倾听一下你内心的声音，问一问自己："你累了吗？"追逐梦想与目标固然重要，但在我们忙着赶路的同时，不要忘记与身体的连接，主动给自己一些休息与调整的机会。

现代社会处处都是竞争，你可能会说"我的确累了，但我不能休息"。因为你从小被教育要不断努力，"吃得苦中苦，方为人上人"，这种思想刻在你的骨子里，流进你的血液里。它让你几乎忘却了，其实休息也是你与生俱来的权利。如果已经很久没有人跟你说"累了就休息一下吧"，如果已经很久没有人告诉你"难过了就哭一场吧"，如果已经很久没有听到"没事的，这样没关系"，至少现在，请对自己郑重地说一遍。

你不必为休息感到羞耻。相反，很多时候，尤其在困难接踵而来的时候，你需要做的不是放弃，而是停下来喘口气，你就会看到出口和方向。

练习

身体能量自我提升练习
（情绪敲击术）

　　在这一章中，我们深入地了解了身体的能量，分析了如何从睡眠、运动、饮食、休息四个层面释放我们内在的潜能。接下来，我们将进入本章的练习时间。我会在每章的最后一节与大家分享一个实用的技巧，让我们可以更快更好地疗愈身心，恢复我们的能量。

　　本章练习的技巧是一个可以帮助你快速释放压力的神奇方法，只需要 3 分钟的时间，就可以让你快速恢复平静，得到深度的身心滋养，这就是情绪敲击术（Emotional Freedom Techniques，简称 EFT）。这是一种帮助人们迅速获得良好感觉的压力缓解方法，不需要药物，也不需要借助工具，只需要以特定的顺序敲击身体上的特定点，使人们将注意力集中在他们想要面对的问题上，以此来缓解压力，平复情绪，缓慢释放潜意识中积压的负面情绪。

情绪敲击术起源于 20 世纪 70 年代，美国心理学家罗杰·卡拉汉（Roger J. Callahan）博士将传统中医和心理学知识相结合，发展出思维场疗法（Thought Field Therapy，简称 TFT）。但因 TFT 相当复杂，且需要训练有素的医生使用特定的技术确定刺激点来实现，所以当时没有得到广泛的应用和传播。20 世纪 90 年代，美国心理工作者盖瑞·奎格（Gary Craig）在卡拉汉博士 TFT 的基础上，发展出了实操简易的 EFT。

中医针灸认为人们身体的能量是沿着特定的路径流动的，刺激路径上的某些点可改善整体的能量流动。EFT 基于中医的穴位理论，通过指压刺激中枢神经系统，使身体回到副交感神经系统的反应中，通过调节神经系统提高免疫系统，进而降低体内的皮质醇和压力水平。

美国临床心理学家大卫·范斯坦（David Feinstein）博士曾在一次采访中说道，在哈佛医学院的一项研究中，磁共振成像显示，通过针灸刺激身体的经络穴位会显著降低大脑中杏仁核的部分活动。之后身心灵领域的专家道森·丘吉（Dawson Church）博士进行了进一步测试，将83名受试者分成三组：其中一组被敲击经络穴位，另一组接受谈话疗法，第三组不接受任何疗法。结果发现那些接受敲击的受试者的皮质醇水平降低了24%~50%，而其他两组受试者的皮质醇水平没有任何变化。

由此可见，EFT可以快速有效地改变神经通路，使受试者能够思考，使自己摆脱困境，无论这种困境是因疾病、情绪还是人际关系带来的创伤。

练习EFT需要遵循五个步骤。

第一步：对焦（Tune-In）。我们需要清晰地知道当下所希望排解的情绪是什么，并将所有的焦点集中到这个情绪上，这将是我们接下来敲击时的主要关注点。对焦情绪时，我们需要尽量具体化。比如，比起"我很焦虑"，"我最近的财务状况让我很焦虑"明显要具体得多。

第二步：评估（Measurement）。在对焦好情绪之后，我们还需要评估一下这个情绪的强度，并用0到10的等级来加以量化：0代表完全没有情绪，10代表情绪强度达到忍受极限。评估的目的是为每轮敲击后的情绪变化建立一个对比的标杆。例如，我害怕公众演讲，我可以先回忆一下最近一次让我紧张万分的公众演讲的情景，然后评估一下现在的情绪强度。如果我此时此刻的情绪强度是7，经过一轮的敲击后，再评估一次，发现我的情绪强度变成了0，那就表示我已经完全释放掉了对公众演讲的恐惧情绪了；如果经过一轮敲击后，情绪强度只降到了6，那就说明我还需要进行下一轮的敲击，直到情绪强度降到2以下，最好能够完全释放情绪。

第三步：设定宣告句（Affirmation）与提示语（Reminder Phrase）。宣告句就是一段念给自己潜意识听的文字。它有固定的格式，即虽然我有＿＿＿＿＿＿的问题，但我还是完完全全地接纳我自己。我们需要在横线上填写现在感到困扰的问题。以自信为例，可以这样填写：虽然我对找到一份更好的工作很没有信心，但我还是完完全全地接纳我自己。

除此之外，为了方便敲击时能持续保持对焦，我们还需要给这个情绪定义一个名字作为提示语。提示语应尽量简短，并要选用能描述当时情绪的字眼。例如我的财务状况、那件事情、害怕失败、那个伤害了我感情的男人，等等。

第四步：按照次序进行敲击（Tapping）。虽然人体的穴位多达 362 处，但 EFT 只取用下图的这 9 处。这些穴位虽然都有中文名称，但西方研究者为方便计，还是给它们另外起了一组他们觉得比较容易记忆的名字。

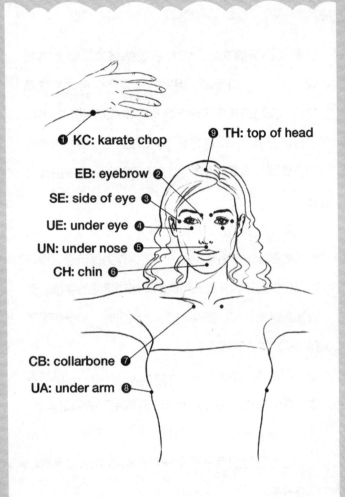

❶ KC: karate chop
❾ TH: top of head
EB: eyebrow ❷
SE: side of eye ❸
UE: under eye ❹
UN: under nose ❺
CH: chin ❻
CB: collarbone ❼
UA: under arm ❽

EFT 敲击穴位示意图 [6]

6　The Tapping Solutions, LLC 于 2012 年绘制。

KC（karate chop）：手刀点，即手刀侧小指根部到手腕间。

EB（eyebrow）：眉头，即两侧眉毛开头的位置。

SE（side of eye）：眼侧，即眼睛两侧鱼尾纹末端。

UE（under eye）：眼下，即眼睛瞳孔正下方，颧骨上方边缘。

UN（under nose）：人中，即鼻下至上唇中间。

CH（chin）：下颚，即下唇到下巴之间的凹陷处。

CB（collarbone）：锁骨，即锁骨和第一根肋骨交接处的骨缝间。

UA（under arm）：腋下，即腋窝下方约四寸处。

TH（top of head）：头顶，即头顶正中线与两耳尖连线的交叉处。

敲击时请注意手法。用坚定又温和的力度，就像我们无聊时无意识地用手指头轻敲桌面的强度就可以了。敲击时，除拇指以外的四根手指并拢，用食指接触敲击的手法一般用于较宽区域，用食指和中指两根手指的指尖敲击手法则用于眼周等敏感区域。你可以只敲击身体的一边，也可以同时敲击两边。

敲击之前，请先重复你的自我宣告句3次："虽然我有＿＿＿＿的问题，但我还是完完全全地接纳我自己。"同时敲击手刀点约7次，然后就可以开始第一轮的敲击。敲击顺序为：手刀点—眉头—眼侧—眼下—人中—下颚—锁骨—腋下—头顶。每个点位各敲击7~9次。当你敲击每个点位时，请重复你的提示语以保持专注。

第五步：再评估（Re-measurement）。第一轮敲击结束后，请参照第二步提到的评分标准，对你的情绪强度再进行一次评分。如果情绪强度仍然高于2，则可以选择再做一轮敲击。

在练习EFT的时候，有4个需要注意的事项：

（1）不断调整：在练习EFT时，有时候会需要多做几轮才能把问题完全解决。当所要处理的情绪的强度发生变化时，使用的宣告句和提示语也必须随之进行调整。这是为了让自己潜意识中的主观认知和实际情绪能精准匹配，这样敲击才能获得更好的效果。调整的方式有很多种，比较常见的一种是随着情绪强度的减轻，将宣告句"有_____问题"的部分改成"还有一些问题"或"还有一点点_____问题"等。举个例子：

虽然我有担心自己无法胜任新工作的问题，但我仍然完完全全地接纳我自己。

虽然我还有一些担心自己无法胜任新工作的问题，但我仍然完完全全地接纳我自己。

（2）主题明确：练习 EFT 时需要注意主题的明确性，问题越具体越明确就越容易产生效果。比如"我很讨厌与父母相处和沟通"的情绪，是多年来持续积累所导致的复合情绪，想要一下子处理好是有难度的。但是如果分解为单个事件的情绪就会容易很多。比如我们可以将上面的情绪问题细化为"昨天我爸妈又打电话催促我结婚，我很讨厌和父母沟通结婚这个问题"。单个事件导致的情绪更便于敲击术发挥功效。

（3）持之以恒：针对上一点提出的复合情绪，我们需要将之拆解为一个个单个事件情绪进行敲击疗愈，这需要一些时间和耐心。有很多成功人士已经将 EFT 作为每日晨间练习的一部分。即便我们没有需要释放的情绪，日常进行敲击也可以让我们舒活筋骨，保持良好的精神状态。

（4）安全进行：在敲击的过程中要多喝水，一来清理情绪可能会让人口渴，二来喝水也会带动体内循环，增加敲击术的有效性。但是，需要切记的是，EFT 并不能代替医疗，必要的时候请一定要向专业医疗人员求助。

下面我们一起来进行 3 分钟的 EFT 敲击体验。请根据我的引导，一起来练习。

首先，请深深地吸一口气，然后完全地将气呼出来。在吸气的时候，去察觉你的肺部是舒展的，能够让你吸入更多空气；还是说你的肺部是局限的，让你感到有一些气急或者气促。再一次深呼吸，尽量用鼻子吸气，用嘴巴呼气。在这一次深呼吸的时候，回忆一下最近有没有发生让你觉得有压力或者焦虑的事情，请用心去觉察和体会你现在的焦虑和压力的状况。如果 10 分是没有办法处理的焦虑，让你不知所措；0 分是一点都不焦虑，感觉非常轻松自在，你给自己打多少分？在感受的时候，你可以睁开眼睛，也可以闭上眼睛，总之，用分数去评估你现在的情绪状况。

现在我们要敲击的第一个位置是手刀侧小指根部到手腕间的手刀点，用 4 根手指轻轻敲击就好了。你可以只敲击左手或者右手，也可以轮换着敲击两边。敲击时，请不要忘了你的宣告句，可以大声念出来，也可以在心里默念。你可以在宣告句中表达出你的具体问题。在重复宣告句时，请不要忘记深呼吸，用心去感受你内心深处的情绪，即便周围的环境让你感到压力，最近发生的事情让你很焦虑，生活让你感觉不知所措，你都可以选择现在放松下来，去感受实实在在的安全感。在敲击的时候，你可以睁开眼睛，也可以闭上眼睛。

接下来，我们开始敲击脸上的第一个穴位。从眉头开始，用两根手指敲击，你可以只敲击一边，也可以同时敲击两边；你可以睁开眼睛，也可以闭上眼睛。在敲击的时候，请用心感受你的焦虑、你的不知所措和你的压力，去感受你刚才脑海中浮现的那件最近发生的让你焦虑、感到压力的事情，告诉自己，有这些压力是很正常的，并不是一件糟糕的事情。即便你很焦虑，你也愿意接纳这样的自己。

接下来，我们去敲击眼侧的太阳穴。在敲击的时候，还是一样去感受自己的焦虑和压力，并告诉自己有压力和焦虑的情绪也没有关系，我时时刻刻爱着完整的自己。

接下来要敲击的穴位位于眼睛的正下方。请再一次去感受自己的焦虑和压力，告诉自己"虽然我有焦虑和压力的问题，但我仍然完完全全地接纳我自己"。

然后，我们来到鼻子的下方、嘴唇的上方，也就是人中的位置。在轻轻敲击的时候，告诉自己

"虽然我有焦虑和压力的问题，但我仍然完完全全地接纳我自己"。

接下来，我们要敲击嘴唇的下方，下巴的正中间。敲击的时候，告诉自己"我能够感受到这些压力和焦虑，这是正常的"。

下一个需要敲击的位置是我们的锁骨下方，请用 4 根手指去敲击，同时告诉自己"我感受到的这些焦虑和压力是正常的。即便拥有这些情绪，我依然能够完全地接纳自己"。

下面我们来敲击腋下 4 寸左右的位置，用 4 根手指去敲击，同时告诉自己，"我感受到的这些焦虑和压力都是正常的，这就是人生的一部分"。跟之前一样，你可以敲击两边或者任意一边，边敲击边感受内心的情绪。

最后我们敲击的位置是头顶。用 4 根手指去敲击，再次感受你内心的情绪，去感受那个完整的自己，告诉自己，你愿意接纳那个完完整整的自己。

接下来，你可以根据需要选择是否进行第二轮敲击。进行第二轮敲击时，可以直接从眉头开始，按照刚才的顺序，一一敲击，最后回到头顶的位置。边敲击边告诉自己，现在是时候释放掉这些压力和焦虑了。完成这一轮敲击后，请再一次深呼吸。然后心平气和地去感受你内心的情绪，再一次给自己的焦虑值打分。然后再一次深呼吸，调整你的情绪，回到当下。

这样，我们就完成了一次 3 分钟的敲击练习。愿你在日常生活中可以经常使用这个技巧，为你拂去身心的压力，时刻保持身体的高效能。

第三章

头脑能量——事半功倍的马达

3.1 拥有专注力，
就拥有了全世界

随着年龄的增长，很多人发出一个感慨，我们越来越不快乐了。

小时候的快乐很简单：每天做完作业后得到一根棒棒糖作为奖励，夏日炎炎的午后爸爸妈妈端来一盘切好的西瓜，跟小伙伴吵架后发誓再不说话却在铅笔盒里收到她道歉的小纸条……一个小小的举动、一个小小的礼物都会让我们兴奋半天，快乐不已。

但为什么等我们长大了，通过不断的努力，在体面的写字楼里工作，拥有了房子和车子，生活水平也比以前提升了很多，却很难像以前那样真正发自内心地感到快乐了？

关于这个问题，哈佛大学的心理学家马修·基林斯沃思（Matthew A.Killingsworth）和丹尼尔·吉尔伯特（Daniel T. Gilbert）曾设计了一项实验，并得到一个惊人的结论，那就是：我们之所以不快乐是因为我们不够专注!

他们设计了一款名为记录你的快乐的 App，来观测人们一天中快乐程度的连续性变化。实验的设定是这样的，每当 App 弹出通知时，参与者就要如实汇报自己当前的活动内容和专注度水平等，主要包括三个方面：

1. 你正在从事什么活动（比如聊天、开会、吃饭，等等）？

2. 你现在正在全身心地投入这项活动吗（全神贯注还是心不在焉）？

3. 如果你正在走神，心情如何（愉悦、无感、不爽）?

他们用一年的时间，收集了来自80多个国家超过5000人的数据，参与者涵盖了不同年龄层、受教育程度及职业背景。最终的数据汇总成下面这张图。我们大概可以总结出三个结论。

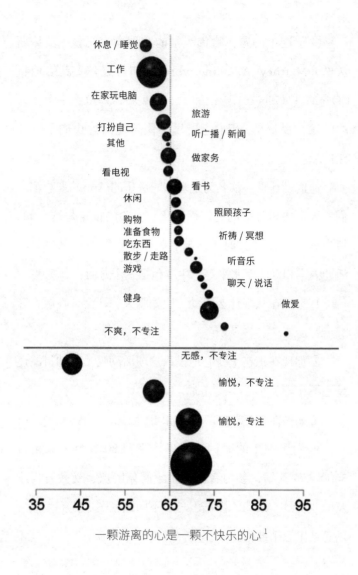

一颗游离的心是一颗不快乐的心[1]

---

1 马修·基林斯沃思在 2010 年 11 月 12 日发表于《科学》。

1.球体越靠右，说明产生的愉悦感越高：比如运动产生的愉悦感要明显大于听广播产生的愉悦感。

2.球的体积越大，说明愉悦感产生的频率越高，比如聊天过程中，人们会更频繁地体验到愉悦感；而运动的球体虽然比聊天的球体更靠右，但是它的体积小得多，说明运动能达到比聊天更高的愉悦感，但是频率不如聊天那么频繁。

3.当大脑保持专注的时候，愉悦感程度相对最高（能达到70%），并且愉悦感出现的频次也高；当大脑开始神游的时候，头脑中可能会浮现出愉悦、无感、不爽三种思绪。从图中可以看出，即使浮现出愉悦的思绪，愉悦感程度也不会高于保持专注时，而且出现的频次也偏低。

这个实验结论恰恰解答了我们在章首提出的问题，那就是我们之所以不快乐，其实是因为随着年龄的增长和财富的积累，我们的选择变得越来越多，我们所扮演的角色也越来越复杂。这种变化导致我们无法专注在当下，所以我们不快乐。

所以，如果我们想要重新找回童年那种快乐感，开启高效能的生活和工作状态，方法也非常简单，那就是提升我们大脑专注的能量。

在提到专注力的时候，我们很容易有一个误区，认为专注力是指我们主动地把注意力集中在我们需要的地方。其实在心理学上，专注力分为主动注意力和被动注意力两种。主动注意力是我们大部分人所理解的专注力，是一种自上而下的有意识的注意力，它的特点是对信息的处理是主动的、有选择的，因此也被称为选择性注意力。主动注意力在获取信息上是有目的的、有意识的、被任务驱动的。例如我们要在茫茫人海中找到某一个特定的人，主动注意力可以让我们在密集的人群中锁定目标人物的特征进行快速甄别。

另一种容易被我们忽略的注意力是被动注意力。这是一种自下而上的无意识的注意力，它对信息的处理是被动的，主要体现在获取信息上是无意识的、受外界刺激而驱动的、没有目的的。例如我们在认真工作的时候，突然被马路上喧嚣的警车鸣笛打断思路。

很多时候，我们可能会觉得主动注意力更高级，因为我们拥有更多的支配权。但出乎意料的是，被动注意力经常在我们的大脑中占有更高的优先级。这其实跟人类的进化是息息相关的。早期的人类每天还在为生存问题殚精竭虑，但凡听到猛兽的吼叫或者发现异常的自然迹象，都需要引起他们的被动注意力，从而及时采取措施，保证自身的生存。所以当你被别人的交谈或者电话打扰得无法专心工作时，其实并不需要懊恼自己容易受到外界环境的影响，因为我们人类的大脑就是这么被设计的。

不过，我们确实可以通过很多方法来提升主动注意力，从而使我们更好地集中能量，达成我们的目标。

在介绍具体的方法之前，我们还需要更多地了解一下专注力的基本特性。

首先，专注力和年龄有一定的关联性。我们总是责怪小孩子像猴子一样坐不住，看到他们上兴趣班时坐了半小时便扭来扭去，就恨铁不成钢。其实，这真的不能怪孩子。科学家曾经发表过一个专注力的公式，人的平均专注时长＝年龄×（3~5）分钟，也就是说，对于一个5岁的孩子来说，一般20分钟就已经是他的专注力极限了。当然这个公式并不是说年龄越大，专注时间越长且没有上限。对于成人来说，一般40分钟也是一个极限值。所以合理地规划时间，劳逸结合，对于效率和能量的保持至关重要。

此外，你可能也有这样的感觉，如果前一天晚上睡得不好，第二天脑子就会一团昏沉，很难集中注意力去处理事情。这是因为专注力也和我们的睡眠质量紧密相关。当睡眠不足时，脑部额叶和顶叶相关区域的活动减弱，人就无法持续关注某一特定刺激。

还有一个经常被忽略的影响专注力的因素，就是我们的情绪，尤其是焦虑的情绪。科学家通过实验发现，个体的焦虑水平越高，对与任务无关的干扰刺激的注意抑制能力越差。这种现象也被称为注意力失调。人类大脑中专门负责注意力的脑网络包括三个子网络，分别是警觉网络、定向网络和执行网络。警觉网络负责监测环境中的变化和异常，并调节大脑对刺激的反应速度和敏感度，让我们转移注意力。定向网络负责选择性地关注某一特定信息，并抑制其他无关信息。当我们焦虑的时候，相当于警觉网络不断被强化，从而导致定向网络功能被弱化，所以我们自然而然就无法专注在想做的工作上了。

现在我们对于专注力的基本特性有了简单的了解，接下来，我们要具体谈一谈如何有效提高专注力。

首先，要培养良好的生活习惯，保证充足睡眠，合理膳食，以及适当运动。关于睡眠的部分，我们在前一个章节有做详细的阐述。其中斯坦福大学的安德鲁·胡贝尔曼教授提出的阳光刺激法对于调节昼夜节律是十分简单有效的小技巧，建议尝试。合理膳食则建议大家参考前一章提到的地中海饮食。有氧运动的好处也是不言而喻的，不仅可以刺激我们大脑中多巴胺和内啡肽的分泌，还可以加强默认模式网络与前额叶执行网络的连接。科学研究发现长期坚持运动可以使老人的认知力更强，也可以减少患阿尔茨海默病的风险。

其次，学会做减法，回归当下。在这个信息爆炸的时代，我们每天都被来自身边的各种杂音所包围，太多的外界刺激不断地轰炸着我们的警觉网络。网站、邮件、微信、短视频、各种 App……在各种各样的应用之间切换几乎成了我们的一种习惯。就算我们关了电脑离开了办公室，也始终离不开手机，一旦找不到手机就会十分焦虑。我们每时每刻都处在这种警觉的状态下，生怕一不留神会错过重要提醒或重要信息。如果没有消息提醒，我们也会担惊受怕，担心被人忽略，担心被人遗忘。我们变得越来越没有耐心，越来越焦躁不安，越来越无法专注。

我们很难完整地看完一本书，而更愿意去看别人提取的阅读精华或者刷一遍 3 分钟读完某一本书的短视频。

我们也很难找一个闲适的午后和朋友悠然自得地畅谈，而是各自抱着手机，不断地刷新各种 App 实时更新的短视频和消息。

我们停不下脚步，甚至连见面打招呼都被省略，少了许多人情温暖，却还称之为"高效能沟通"。

久而久之，我们觉得自己的内在越来越空虚，越来越寂寞，越来越容易被激怒或是陷入情绪的低谷。

想要破解这一困局其实并不难，关键就是做减法，有意识地离开那些干扰源，回到当下。让我们完全与互联网或者手机等电子产品隔绝，是不可能的事情，但是我们可以每天选择一段时间不被电子设备打扰，回归到专注的状态。2021年，苹果全球开发者大会过后，曾有人发起了一个投票，邀请苹果手机用户选出iOS15上自己最喜欢的新特性，结果30%的用户投给了专注模式。专注模式成为得票最高的选项，原因就在于我们每个人的心中都需要一片留白的空间，都需要在每天密集的信息轰炸中抽出哪怕15分钟时间来，安静地独处，或者全身心地陪伴家人和朋友，让我们内心深处的那个自己浮现出来，而不是被各种大数据推着走，接受那些无关痛痒的信息，任由我们的专注力被无情地瓜分。不妨从现在开始，用手机设定好一个专注时间，去享受回归本源的简单快乐。

说到做减法，巴菲特和他的飞行员麦克·弗林（Mike Flint）之间的一段精彩对话或许能带给你一些启发。从这个故事又衍生出了一个概念，叫作 25-5 原则。弗林当时已为巴菲特驾驶私人飞机 10 年，先前还曾担任 4 位美国总统与微软公司联合创始人比尔·盖茨的私人飞机飞行员，但是弗林始终认为自己尚未实现人生目标。

有一天，巴菲特与他开玩笑说："你胸怀壮志，却还在为我开飞机，这是不是因为我不能让你充分发挥才能？我想你应该走出去，去追寻真正的梦想与目标。"

弗林问巴菲特有什么办法可以追寻自己的梦想，巴菲特说了三个步骤。

第一步：写出人生最重要的 25 个目标。

第二步：重新审视这 25 个目标，并选出最重要的 5 个目标。

第三步：将这 5 个目标列入目标清单 A，另外 20 个目标则列入清单 B。

弗林说，他会马上着手实现清单 A，而清单 B，虽然没有那么紧急，但依然很重要，所以他还是会花时间尽量投入心力。

接下来的对话就是巴菲特 25-5 原则的精华所在。巴菲特说："不，你错了！清单 B，事实上就是你应该全力避免去做的事情。在依序完成最重要的 5 个目标前，无论如何，你都不能花心思在其他任何目标上。"

人生需要轻装上阵。断舍离是一种智慧。成功从来不在于做得多，而在于做得精简且正确。美国弗吉尼亚大学副教授莱迪·克洛茨（Leidy Klotz）曾在他的畅销书《减法》里说："人这一生的修行，就是一个做减法的过程。减法思维，不是要求我们简单地摒除冗余的信息，而是教会我们在日常生活中，洞察真相，看得更透彻，活得更轻松。"我们只有学会了精简和筛选，才有可能从纷杂的信息中挑选出真正对我们有用的信息，割舍掉那些让我们身心疲惫的"虚假的忙碌"。当你决定开始做减法，可以尝试从三个方面着手：物质、生活以及社交。

物质的断舍离，犹如身体的新陈代谢。只有定期清理那些不需要的物品，我们才会有物理空间来存放自己内心的空间。生活的断舍离是一种清理大脑和消极能量的过程，舍弃一些琐碎的次要目标才能让我们集中更多的精力去实现我们最主要的梦想。而社交上的断舍离，更应了我们经常说的"君子之交淡如水"。随着年龄的增长，我们需要选择值得花费时间和精力去社交的人群，而不是每一场聚会都去附和，每一场相遇都去迎合。

至于回归当下，那是很多时候我们大多数人容易忘记的部分。我曾在一次活动中提问：请问你们在每一次吃饭时都仔细品尝过食物的味道吗？答案竟然是 90% 的人说没有。现代人常有的状态是身体停留在这一刻，思想却在瞻望未来或是回顾过去，终日思前想后，就是无法安心享受这一刻。窗外的花开得美吗？桌上的饭菜好吃吗？身边的亲人跟你说了些什么？全然不知。

无论我们曾经经历过什么样的痛苦或是伤害，都已经属于过去式。无论未来如何无常，只要事情尚未发生，此刻的我们便可安然处之。人无法改变过去，也无法控制未来，唯一能做的就是专注于此时此刻，体验眼前的真实。

这也是近年来心理学界广泛推崇正念生活的原因。因为正念的思想正是让人们将心回归当下，将注意力集中于此时此刻，如实地觉察外在环境与身体的反应，接纳当下所有的情绪和状态。

你可以从比较简单的专注吃饭来尝试这种回归当下，与身体建立连接的奇妙体验。步骤如下：

1. 将食物放在面前的桌子上，闭上眼，深呼吸，放松身心。

2. 睁开眼睛，认真地观察食物的颜色、光泽、大小等。

3. 再一次深呼吸，感受食物散发的香气。

4. 怀着感恩的心，感谢参与栽种、制作和预备眼前食物的人。

5. 将食物放进口中慢慢咀嚼，专注在每一次咀嚼中，感受各种滋味在口中扩散。

6. 留意牙齿、舌头的动作，慢慢吞咽下去，感受食物进入身体。

7. 口动手不动，每吞咽完一口食物，再取其他食物。

重复以上步骤。

当你可以从每一口食物的品尝中夺回你的专注力的时候，你就会渐渐地将这种专注的能量扩散到你生活的其他方面。

关于专注力的另一个常见误区，就是我们会掉进一心多用的陷阱里。我曾经一度以为自己是一心多用的多面手，而且这个身份也一直让我自鸣得意。那时候我经常和别人标榜我如何一边带孩子，一边给客户写邮件，还能顺便把饭给做了。直到这样多线运作了一段时间，我的焦虑情绪越来越严重，甚至有了轻度抑郁的倾向。当我无法同时处理好多项事务的时候，我会自责，会严重怀疑自己的能力。直到有一天，我在给客户的邮件中犯了一个严重的错误，我给客户的报价居然标错了小数点，直接导致谈判失败。那时候我才意识到，我可能一直都在自我欺骗。

所谓一心多用，是指我们可以同时做两件或两件以上的事，事实上，我们的大脑在某一时刻只允许我们做一件事。如果需要短时间内同时开展多项工作，我们就不得不来回切换。所以对于大多数人来说，多线任务或者说一心多用，其实只是在不断地重复着快速切换任务罢了。当然，这种来回切换的感觉有时候确实很让人上瘾。Wordstream 的创始人拉里·金（Larry Kim）曾说过："当完成一项小任务时，我们会受到多巴胺的冲击，也就是我们的奖励激素。大脑喜欢多巴胺，于是我们被鼓励不停地在一些能给予自己即时满足感的微小任务之间切换。"可是当我们沉醉于微小的成就感时，却不知道我们的大脑正在因为一心二用而遭受着损伤。

2005 年，英国伦敦大学精神病学研究所的一项研究发现，职员们被邮件和电话分散注意力导致智商暂时下降的幅度是吸食大麻者的两倍。随着电子产品的普及以及网络的飞速发展，社会竞争的日趋白热化，这个数值也在往更糟糕的方向发展。

然而我们的大脑所遭受的损伤，远远不止智力伤害这一种。2011 年，加利福尼亚大学发表的一篇研究报告揭示了"快速地从一项任务切换到另一项任务"是怎样影响我们短期记忆的。这种损伤会随着一个人年龄的增长逐渐变得明显。研究者们发现，多线程工作对人类的短期记忆或者叫"工作记忆"有着消极的影响。工作记忆是指一段时间内在大脑中保存和处理信息的能力，它是一切思维活动的基础，也是学习的起始。

除了功能性的影响，一心多用还会影响我们的情绪。研究发现多线程工作会使我们大脑增加皮质醇的分泌，皮质醇被称为压力激素。一旦我们处于压力之中，就容易对琐碎的事感到焦虑，这又导致更多的皮质醇释放，最后我们就会陷入不间断的压力和焦虑的恶性循环中，从而增加患抑郁症和焦虑症的风险，让我们精疲力竭。

长时间的一心多用让我无法长久地集中注意力，无法专注地完成一项任务，人也变得心焦气躁，还产生了恐惧和自我怀疑的情绪，无数次地打断了我的创造性思维。最可笑的是，我曾沾沾自喜的一心多用的高效能其实都是假象。就像美国《实验心理学》杂志上一篇文章提到的，当学生一边做其他事一边做复杂的数学题时要花费更长的时间，比专心做题慢了40%。也就是说，一心多用实际上浪费的时间竟高达40%。

当我把这个发现与我的朋友们分享时，有一位朋友反驳了我的观点。他是一位年轻有为的企业家，同时经营着一家古董钟表店、一家甜品店和一家中欧项目合作公司，他还是一所私立大学的校董。他说他不但可以同时处理多个任务，而且当他的注意力越是分散的时候，反而可以做得越好。这种人真的存在吗？

当我带着疑问进行了一番研究，才发现世界上确实是有这样的人，只不过数量极少，他们被称为超级多任务能手（supertasker）。来自美国犹他大学的认知神经科学家大卫·斯特莱耶（David Strayer）和科罗拉多大学丹佛分校的杰森·沃森（Jason Watson）曾研究当人们坐在驾驶模拟器上用免提电话聊天时会发生什么。为了增加测试的难度，被试者还需要与前面的车保持规定的距离，记忆一列单词，并穿插心算题目。果不其然，被试者的表现不是很好。分心让他们的反应时间变长，并影响了他们的驾驶表现。但是有一个人除外。他胜过了其他所有人。不论什么东西让他分心，他似乎都能处理好。研究人员曾经猜测这是不是某种侥幸。于是，他们又测试了 200 个人。结果共有 97 % 的人未能通过测试。但发现另外 4 个人在进行多任务处理时，他们的表现并没有受到影响。综合两个实验，研究人员一共发现了 5 个特殊能力者——三男两女，并把他们称为"超级多任务能手"。这类特殊能力者约占人口总数的 2.5%。

当超级多任务能手接受脑部功能性磁共振成像时，科学家意外地发现他们预期会忙碌的区域的大脑活动不增反减，比如前额叶皮质和前扣带回皮层。这种情况的出现一般会有两个原因：第一，当我们练习一种技能时，大脑会变得更有效率，显示出较少而不是较多的活动。以高尔夫球手、弓箭手和赛车手为例，当他们躺在大脑扫描仪中执行与他们的专业相关的心理任务时，他们的大脑活动少于非专业人士。第二，除了效率提高，大脑活动的分布也会改变。虽然在与注意力相关的区域中活动可能较少，但是在默认模式网络中大脑活动增加。超级多任务能手之所以可以同时处理多个任务，是因为他们的大脑网络有着更高的效率。[2]

由此看来，能够一心多用的人确实存在，虽然他们中的大部分可能并没有发现自己具有这样的超能力。但是

2　Jason M.Watson, David L.Strayer. Supertaskers:Profiles in extradinary multitasking ability [J]. Psychonomic Bulletin & Review, 2010,17（4）: 479-485.

绝大部分人，更适合的还是踏踏实实、一心一意的工作方式。虽然我们有时候会说，如今的生活要求我们每个人都成为多面手，当我们正在专心处理一件事情的时候，总会被手机或者邮件的提示干扰，让我们被动地成为多线并作的多重任务者。在这种情况下，最简单的方法就是设置间歇性的免打扰时间。比如以 25 分钟为周期，关闭一些应用程序，关闭手机通知，关闭房门，并且只在手头留下一项任务来处理，尽量完成当下的任务。

当你可以逐渐激活你的专注力的时候，你会感到前所未有的身心连接和一种充实感。那种充实感可以让你在信息过剩的时代不再迷茫，时刻照亮你想要前往的方向。在朝着那个方向迈出的每一步，你都会收获久违的快乐。

3.2 理解力：
干活慢半拍？你需要的是激活理解力

　　如果你也曾觉得自己做事缓慢，一个看起来不复杂的项目却需要手忙脚乱花费巨大的气力。你是否很想给自己贴上"慢半拍"这个标签？然而很多时候，效率低下可能并不只是表面所呈现出的问题。

　　在我刚开始工作时，我也曾经历过一次效率危机。那时，刚刚步入职场的我，面临着一个全新的机会——接手销售团队。这对于我来说无疑是一个巨大的挑战。因为我没有任何市场营销的专业知识背景，作为一个应届毕业生，也毫无相关工作经验。但本着初生牛犊不怕虎的精神，我满心欢喜，跃跃欲试。当我抱着厚厚的笔记本来到总裁的办公室，总裁看了看手表，对我说："现在是下午一点，五点我要赶飞机去马尼拉。你只有四个小时的时间学习，我需要你一次听懂。"接下来的四个小时，是我人生中刻骨铭心的四个小时。因为我的脑子里只剩下总裁嗡嗡的嗓音说着我听不懂的词汇，看着他在一张张白纸上画着极其复杂的英文缩写和流程图，但我的笔记本上却一片空白，好像每句话都是重点，但好像每句话都不知道在表达什么。

四个小时之后，总裁把他刚才写的那些纸卷成一个卷轴，扔到我面前，问道："听懂了吧？我先去赶飞机，今晚写个大概的工作计划给我。"他走了之后，我在办公室呆呆地望着那个写满天书的卷轴，坐了很久很久，然后哭了。

而那份工作计划，我憋了三天愣是一个字都没写出来。我开始质疑自己的效率。直到我突然领悟到，真正出问题的地方其实是我的理解力。

理解力，指一个人对事物乃至对知识进行分析、解读并内化的认知能力。这种能力可以分为三级水平：低级水平的理解是指知觉水平的理解，就是能辨认和识别对象，并且能对对象命名，知道它"是什么"；中级水平的理解是指在知觉水平理解的基础上，对事物的本质与内在联系的揭露，主要表现为能够理解概念、原理和法则的内涵，知道它"怎么样"；高级水平的理解属于间接理解，是指在概念理解的基础上，进一步达到系统化和具体化，重新建立或者调整认知结构，达到知识的融会贯通，并使知识得到广泛的迁移，知道它"为什么"。真正的理解力是基于低中高三个维度所支撑构建的一整套知识体系，而不是仅仅对命名表象的理解。

关于理解力的概念，有一个点值得我们去深思。那就是理解力与记忆相关，也相似。记忆是把我们接触到的信息，记载到我们的神经通路上。而到了理解的层面，会在这个基础上再加以梳理和加工。而这一切的一个重要前提是你的大脑中需要有一个对于事物的经验，或者说框架。如果一件事情，你毫无经验，或者从未接触过，你将会很难理解它。这是因为我们的大脑在处理问题的时候，首先启用的并不是思考，而是搜索记忆。因为大多数问题我以前已经解决过了，不用重新开始思考，调用记忆库里的经验，这样效率也会更高。这一点就很好地诠释了前面我说的那个我初入职场效率低下的故事。我之所以花了三天时间也写不出一篇工作计划，并不是因为我做事慢，也不是因为我表达能力差，只是单纯地因为我缺乏经验，我的大脑中还尚未建立起对于销售工作的框架，我还不能理解我的新工作究竟是怎么一回事。当我无法启动理解力的时候，一切工作都变得寸步难行。

这也解释了为什么学生时代，班上总会有那么一两个神童一般的同学，当我们还在读题干的时候，他们就已经举起手来，然后迫不及待地说出了答案。小时候，这样的同学总让我又爱又恨，一方面是真的羡慕他们，觉得他们太聪明了，另一方面是真的有点嫉妒他们，因为相形见绌，让我一度怀疑自己是不是脑袋不够灵光。但其实，他们只是看得多了，做得多了，脑中早就建立起了无数的框架。因此当一个新的问题出现时，他们的大脑可以飞快地从既往经验中搜索到相关的信息，继而帮助他们得出答案。表面上的快，少不了背后的大量积累和实践。

说到这里让我想到一个很有趣的现象。在我刚开始工作时，我特别热衷于参加一些名人企业家的活动，总想着可以去结识一些大咖，得到大咖的提点。那时候我最自鸣得意的就是每次活动结束后，我都能收集到一堆大咖的名片。结果当我沉迷于这样的活动一段时间之后，我发现我的生活并没有变得更好，反而整个人愈发浮躁。如今我经常看到一些号召职场新人多接触行业大咖的活动，参加这样一场活动甚至需要花费不菲的入场费。这种向上社交的热潮让我不由得想起曾经的自己。我不否认向上社交所能带来的裨益，但正如前面所说，如果我们自身的经验并不足，尚未建立完善的框架的话，很有可能会白白浪费向大咖学习的机会。也许一种更好的方式是自己先行动起来，有了思考，有了体会，基于自己有了更好的积淀的前提下，再去做类似的事情，或许可以更好地理解和消化大咖们的指点。这也是为什么当年的我虽然拿到了大咖的联系方式，得到了他们的名片，但他们对我说的话却不能给我带来深深的思考与共鸣。如今当我再回忆起他们对我说的话时，那一字一句在相隔了十几年后，却给我带来深深的震撼。内在能力的提升和认知的提高，对于外在机会的理解和把握有着至关重要的作用。

说到这里，也许有朋友会有一种担忧：当我们还是新人，自身的经验并不完善，对于一个任务并不能充分理解的情况下，我们真的可以先行动起来吗？会不会把事情做得一团糟，反而被周围的人耻笑？真相却是：如果我们不去行动起来，也许永远无法真正理解某一个知识点。曾任美国心理科学协会会长的芭芭拉·特沃斯基（Barbara Tversky）曾提出：真正的理解并不会只停留在封闭的空间里单纯地思考，闭门造车，而是需要我们行动起来，在实践中验证所学所思，再反作用于我们的认知上。所以任何时候，行动起来，总会让我们有所得。

不过，影响理解力的因素并不是只有框架经验这一个。比如情绪也和理解力紧密相关。这一点从著名的爱荷华博弈任务中也可以得到验证。爱荷华博弈任务的设置很简单，给被试者展示 A、B、C、D 四堆卡片，被试者每次从某一堆中任选一张，然后根据规则赢得或者输掉一些钱，其中 A、B 卡片是有利牌，C、D 卡片是不利牌，但是被试者并不知道背后的规律，他们的目标是尽量赢得尽可能多的钱。通常经过若干轮之后，被试者都会陆续发现赢钱的规律。但科学家发现，在被试者理解这些规律之前，其实就已经出现某种情绪性的"躯体标记"，比如当他们的手接近不利牌的时候手心会微微出汗。这些微小的情绪标记，引导了人们理解和学习的过程，形成一种情绪性的认知。

此外，正如我们在前面提到的，理解力与我们的记忆和经历息息相关。而情绪则会直接作用到我们的记忆上，形成一种情境效应。当记忆存储在大脑皮层或海马体时，眼窝前额皮层或杏仁核神经元放电活动所反映的当下的任何情绪状态，都会与记忆联系到一起，并增强有这种情绪状态时所存储的记忆。所以，当我们记忆中存储的事件和一个情绪高点联系在一起时，它们更加容易被唤醒和调用，这对我们日后理解类似情境起到了促进的作用。积极的情绪状态则能扩大注意加工的范围，提高选择精确性。相反，如果我们处于一种消极的情绪中，比如紧张、焦虑、愤怒，这些情绪都会导致我们的注意狭窄，从而让我们很难捕捉到事物的细节信息，从而容易造成理解困难或做出错误的判断。

当然，情绪对于理解力最显而易见的影响就是对我们内在驱动力的激发。你可能也有类似的感悟，如果在学习一项新事物的时候，你心情愉悦，热情高涨，充满好奇心，哪怕学习的内容再晦涩，你都会觉得兴致勃勃，并且很容易记住那些知识点。但如果你在学习的时候遇到了不开心的事情，让你兴致低落，哪怕你再喜欢这个内容，再崇拜讲课的老师，可能都很难将内容理解和吸收。只有当我们保持良好的情绪时，才能从学习中体会到快乐和成就感，才能有充足的内在动机去主动学习，让我们达到最佳的理解和学习状态。影响理解力的第三个因素是专注力。专注力的重要性在前一个章节已经做了详细的阐述。美国心理学家吉姆·泰勒（Jim Taylor）博士说过，专注力不仅有其自身的价值，而且还是通往更高形式学习的大门，甚至会反过来帮助学生更深入地理解。他说："如果没有集中注意的能力，孩子们将无法处理信息。他们无法将信息巩固到记忆中，这意味着他们将无法对信息进行解释、分析、综合、批评并做出某种决定。"现代人的专注力因为电子产品的普及而遭到前所未有的挑战。电脑算法让我们以狂热的速度在电子设备上点击、滚动和滑动，无法专注地停留在较长较复杂的任务中。这个情形到了这一代孩子的身上更加严峻。一位在英国伦敦教七、八年级学生（11~13岁）的教师劳拉（Laura）说，一般的青少年能集中注意力的持续时间只有约28秒。他们缺乏学习持久力，阅读时间一旦变长，有些学生会干脆放弃阅读。阅读复杂或冗长的文章对他们来说格外困难和难以理解。或者说，他们不是不能理解，而是根本不愿意静下心来思考。未来的教育方式何去何从，也是一个值得我们深思的话题。

现在，我们了解了影响理解力的三大因素，便可以有的放矢，从这三个方面来提升理解力：一、需要去大量实践，增强记忆和拓宽体验；二、要学会调整情绪状态，如果处于消极状态中要能够及时调整；三、需要加强专注力。

　　此外，关于理解力，这里还有一个特殊的情况会出现，那就是顿悟。顿悟是一种神奇的体验，如同拨云见日，刹那间所有的困惑和疑虑突然消失，灵感和领悟如一朵昙花在你脑中瞬间绽放，那一刻真的是妙不可言。顿悟经常会带给人们火花般的智慧，让人们突然理解到极深刻的内涵。历史上也不乏在刹那间悟出惊世发现的传奇：阿基米德在泡澡时突然悟出可以用浮力原理，来解决耶罗王提出的鉴定金冠的难题；牛顿被树上掉下的苹果砸中脑袋而顿悟出万有引力定律。对于顿悟这个让人着迷的话题，科学家们也从未停止过探索的步伐。早在 1917 年，德国格式塔派心理学家柯勒（Kohler）提出了顿悟（insight）的概念，这一理论挑战了当时占主导地位的桑代克的"尝试—错误"学习理论，证明问题解决过程可以以"突变"而不是"渐变"的方式发生，因而具有非凡的意义。虽然顿悟过程中精确的大脑机制之谜尚未被完全破解，但科学家百年来的探索已经有了很多值得我们深思的发现。有一些科学家认为顿悟是一个特殊的过程，它与一般的问题解决方式不同。但也有另一些心理学家的观点是，顿悟与常规的学习过程并不存在实质性的差别。基于过去的经验与顿悟之间存在密切的关系，他们认为几乎没有什么理由相信顿悟是一种与过去经验毫无关系的灵光一现，人们总是从他们所知道的东西开始着手解决问题，并逐步修改这些思路使之适应当前的问题情境。所以，如果你也在追求着电光石火般的顿悟瞬间，也许多学习、多行动、增加生活体验，是一个不错的办法。如果你被困在某一个问题的僵局中进退两难，不妨采用这三个能够帮助我们提升顿悟概率的步骤，另辟蹊径尝试一下顿悟解题。

第一步是回归内心的平静。当每一分每一秒都被忙碌的日程排满，我们是无法激活顿悟的。沉默和独处对于激发顿悟有着意想不到的助力。你可以尝试冥想、听音乐或者其他可以帮助你心绪安宁的方式来进入这个状态。

第二步是留白并尝试更换你常用的感官接受方式。一旦你远离了烦躁和忙碌回归平静，你就需要忽视周围发生的事情，记得关闭手机。美国西北大学心理学教授马克·荣格·比曼（Mark Jung Beeman）发现，一个人在出现顿悟时刻之前，大脑视觉皮层的阿尔法范围内存在脑电波。这些阿尔法波表明外部信息正在减少，所以不要让手机上的社交消息过多地干扰你。这时候，闭上眼睛，尝试用其他感官来感受你周围的环境，用耳朵去倾听空间里的声音，用鼻子去感受四周的气味，用皮肤去感受温度和湿度的变化。对于大多数人来说，视觉是我们主要的感官方式，然而过度依赖视觉却可能导致我们陷入一切由视觉主导的固有模式中。如果可以有意识地运用其他感官，将会更多地刺激大脑，让我们感受到更多以前从未留意过的信息，从而给我们带来灵光一现的瞬间。

第三步是彻底放松，释放焦虑等一切负面情绪。这种放松会帮助你打破思维定式。也许你也有这样的经历，当你越苦思冥想一个问题时往往越不得其解。这时你选择了放弃，却在放弃后的某个晚上突然理解了问题的全部信息，并得到了你想要的答案。顿悟就这样在你不再焦虑着有所作为时悄然出现。发表在《个性与社会心理学》杂志上的一篇研究表明，适当远离过度思考是做出高质量决策的关键。在这项研究中，科学家向受试者提供了他们从未去过的四个不同公寓的信息，并要求他们选择一个最好的。有些人要立即做出决定，没有机会进行分析思考。其他人被要求在选择之前仔细研究这些信息。最后一组受试者研究了信息，但在做出选择之前，他们被一项无关的任务故意分散了注意力。结果最后一组受试者最一致地选择了客观条件最好的公寓。

为什么会出现这种情况？解决方案陷入僵局的根源

在于受困于错误的解决问题策略，也就是思维定式。当错误的道路主导着我们的思想时，我们无法产生深刻且正确的见解。所以，在顿悟产生之前我们需要打破定式，检测到可能存在的冲突才能发现新思路，前扣带回就起到了这一作用。有研究者发现前扣带回的活跃常发生于顿悟启动的早期阶段，在思维定式的打破过程中起到一个"早期预警系统"的作用。当我们了解了顿悟性问题的结构并且发展出一般性的信息加工控制策略时，前扣带回的活动就会降低。

总体来说，顿悟与日常的学习与行动有着千丝万缕的联系。我们的认知系统在获得经验的过程中不断学习、建立新的连接，并对之后的知觉与认知造成影响，让我们更顺利地解决一些问题，同时也让我们产生各种倾向，时时刻刻准备着碰撞出新的神经回路。所以活到老，学到老，是一件意义非凡的事情。

最后我想做一些延伸，聊一聊人与人之间的理解。很多时候，我们总能听到身边的人抱怨自己不被理解：不被父母理解，不被上司理解，不被朋友理解，不被爱人理解。我们就好像生活在一座孤岛上，寂寞而悲伤。通过前面的内容，我们明白了理解力是建立在各自的阅读、学习、经验的基础上。而每个人的这一部分都是完全不同的。所以一个人想完全被另一个人理解几乎是一件不可能的事情。因为我们所能够理解的只能是基于我们框架内的世界。所以，世界是你的投射。你的框架有多大，你能看到的世界就有多大。

既然如此，又何必强求被人理解？被他人看到就已经很好。被自己理解才是真正的归宿。

我们的孤独压抑，很多时候并不是来源于不被他人理解，而是因为我们并不理解自己，并不接纳自己。当我们可以为自己的心灵拨开迷雾，让阳光照进内心的时候，我们便可以为自己带来温暖，看到自己的努力、委屈和付出，看到并接纳那个完整的自己。只有在这一刻，我们的世界才会真正地被理解的光芒所照亮。

愿你可以成为自己的那束光。

3.3 执行力：
告别拖延症，其实并不难

不知从什么时候开始，拖延症变成了一个流行的名词。

买了一本书，计划三个月读完，到了第四个月却连第一章都没读完。

接了一项工作任务，两个月要交报告，偏要拖到一个半月才开始着急，匆匆忙忙着手准备。

报了一门网课，兴致勃勃打算半年学完，可是延期了两次也没认认真真把第一节课的内容全部听完。

如果你正在为拖延症而苦恼，埋怨自己效率低、意志薄弱，其实大可不必。因为无论一个人的意志力再怎么强大，也或多或少有过拖延的情况。这是因为拖延与我们人类的两大天性有关。

第一个天性就是避苦趋乐。对于那些给人带来不愉快的经历和回忆，人们倾向于回避，如果不能回避，就会尽量延迟去做。第二个天性是趋向于选择及时性奖励，因为我们对于未来的时间并不敏感，且时间越长就越不敏感。从某种意义上讲，人们对眼前利益的关注远远超过对未来幸福的关注。有趣的是，不仅人类如此，鸽子也会表现出类似的特性。科学家詹姆斯·马祖尔（James E. Mazur）的研究发现给鸽子同样的奖励，鸽子会选择工作量大但奖励及时的任务，而推迟那些工作量虽小但奖励延迟的任务。[3] 鸽子的这一行为是不是像极了拖延时的我们？

拖延症之所以成为一个流行的话题，是因为它的情况确实不容乐观。美国德保罗大学的心理学教授约瑟夫·费拉里（Joseph Ferrari）博士在研究中发现大约 20% 的成年人会被认定为慢性拖延症，这使得它比忧郁症和恐惧症等心理健康问题更为普遍。他在研究中指出，从长远来看，拖延会对健康产生影响，长期拖延与忧郁和焦虑的风

---

3 Mazur, J. E. Tests of an equivalence rule for fixed and variable reinforcer delays [J]. Journal of Experimental Psychology: Animal Behavior Processes, 1984, 10（4）: 426 - 436.

险增加，以及高血压和心脏病等身体状况有关。中国社科院的一项调查显示，目前中国有86%的职场人认为自己患有拖延症，50%的人不到最后一刻绝不开始工作，13%的人没有人催就不能完成工作。2020年1月，有英国研究学者通过问卷调查形式询问10000个受访者是否有拖延习惯，只有15.6%的人声称永远不会拖延，超过84%的人有拖延的习惯。这也是为什么当你走到书店的时候，你会发现与拖延症相关的书比比皆是，因为人们确实深受拖延的折磨，都极其渴望早日改变这一情况。

我们还是先从拖延症的概念出发，这样可以帮助大家更好地厘清所处的境况。拖延症是与执行力对立的概念。在心理学上，将故意拖延时间或推迟工作的现象，称为拖延症或延宕行为。不是因为时间还有余裕，而是非必要性地持续拖延，尽管知道这样做会带来负面后果。通常，这是人类的一种习惯性行为。当我们提到拖延症的时候，一般认为它有三个特征：自愿、回避和非理性。第一，拖延并不是受到他人胁迫的不得已行为，也不是因为突发事件而导致的客观延误，而是完完全全的个体的自主决定。第二，拖延带有回避性，拖延者不愿意开始或完成已经打算做的事情，会选择尽量逃避。第三，拖延是非理性的，也就是尽管没有适当的理由、尽管延迟会造成不利的后果，个体还是选择了拖延。

很多时候我们觉得拖延就是不执行、不行动，把事情一拖再拖。但这种现象其实可以再做细分。心理学家琳达·萨帕丁（Linda Sapadin）以丰富的临床经验为基础，将习惯拖延的人分为六种类型。这六种类型分别是：

1. 完美主义者：造成拖延的第一个理由是凡事追求满分的完美主义倾向。想把事情做到尽善尽美的心态虽然没有错，但一味追求过高的标准反而会成为问题的根源。执着于凡事都要做到一百分，光是事前的准备与计划，就足以让自己疲惫不堪，再去行动的时候已经没有多余的能量了。甚至有些时候，完美主义者会觉得既然事情做不到满分，那就不要开始做了，从而导致放弃。

2. 梦想家：盲目地相信船到桥头自然直，而不制订任何计划。乍看之下，这很像积极正向肯定自我的乐观主义者，但如果没有计划就行动，一切就会变成不切实际的空想。这就是为什么梦想家经常会许下一堆承诺："很快就可以做完""马上就可以搞定""这个事情一点都不复杂"，但当他们在行动中遇到困难时就会打起退堂鼓了。梦想家类型的人时常会提出各种优秀的点子和远大的目标，对细节却毫不关心，也从未仔细考虑过处理事情所需要花费的时间和努力。所以许下的豪言壮语最后也不过是一句空头承诺而已。

3. 杞人忧天者：充满了忧虑和不安情绪的人，做事也会拖拖拉拉。这种类型的人，脑海中会有很多预设的困难，他们会不断问自己如果发生某种状况怎么办。他们花费太多时间用来担心，目光总是聚焦在"最糟糕的情形"，而无法在工作上集中精神，谈论问题的时间远远多于寻找解决办法的时间，最终导致了拖延的发生。

4. 挑战者：他们享受在悬崖边幸存的感觉，这种类型的人恰好与杞人忧天者相反。他们喜欢交期临近时的急切感，认为压迫感愈大，自己就愈能做得出色。这种临阵磨枪的快感导致了他们虽然可以提前完成工作，但总是要拖到最后一刻才熬夜赶工。随着年龄的增长，这种工作模式会变得越来越难以维持，出现拖延的情况也会愈来愈多。

5. 叛逆者：他们总是抱着"为什么我非做不可"的心态生活，通常不喜欢遵守规定，讨厌被控制。当必须完成某项任务，尤其任务中不完全是自己的分内工作时，就会拖到最后一刻都不动工，借此进行被动式的反抗。

6. 过劳者：因为不擅长拒绝，或很难决定事情的优先顺序，以至于承担太多工作的人，最终也会陷入拖延的窘境。尤其是无法婉拒他人要求，让自己总是忙得晕头转向，结果经常忘东忘西，无法顺利完成任务。

所以，拖延并不是因为你懒惰，拖延症也并不是一种实质性的疾病，更多的是一种生活方式。但倘若没有正视的话，很可能影响生活的方方面面，轻则导致个人生活混乱，重则影响人际关系和职业生涯发展。

当然，你可能也发现了一个有意思的规律，那就是在某些事情上你斗志满满，从早做到晚都不觉得累。但对于有些事情，可能你一想到就觉得头大，恨不得这辈子都不要与之相遇。这是因为人类的拖延行为与认知难度以及事物的趣味性密切相关。

认知难度是一个心理学概念，用于描述一个任务或问题的认知复杂度。简单来说，认知难度是完成任务所需的认知努力程度的度量。它涉及任务的复杂度、个体对任务结果的期望值以及对自己能否成功完成任务的信心。

认知难度通常可以通过以下公式计算：认知难度 = 认知复杂度 × 期望值 / 信心。

复杂度指的是任务或问题本身的难度和复杂程度。复杂度越高，任务就越难完成。

期望值指的是个体对任务结果的期望程度。如果个体期望完成任务会带来积极的结果，期望值就会较高。

信心指的是个体对自己能够成功完成任务持有积极、肯定的信念和态度。

这个公式可以帮助我们理解为什么某些任务比其他任务更具有挑战性，以及为什么有些人更倾向于拖延完成某些任务。举个例子，假设一个学生需要完成一篇长篇论文。这篇论文的主题很有趣，但是需要研究大量的文献资料并且进行深入的分析。这个任务的复杂度很高，因为它需要学生花费大量的时间和精力来完成。但是，如果学生对自己的研究能力有信心，并且期望完成论文能为他带来好成绩，那么认知难度可能会降低。相反，如果学生对自己的能力不够自信，或者对论文的结果缺乏期望，那么认知难度就会增加，从而增加了拖延完成论文的可能性。因此，理解认知难度有助于我们更好地管理任务和问题，以提高工作效率和完成的质量。

总的来说，当任务被认为无聊且难以完成时，人们更容易拖延。比如学生时代在复习备考的时候，我总会从比较擅长的学科开始复习，而对自己考得不好也听不太懂的学科，总是会放到最后才不情不愿地打开书本开始复习。

此外，当任务被视为有趣但具有挑战性时，人们可能会将其推迟，因为他们希望在做足了充分的准备，且有更多时间和精力应对挑战时再开始。

而当任务既简单又无聊时，人们可能会暂时缓解焦虑，而不准备立即着手完成。例如，如果一个任务只是重复性的数据输入，而不需要太多思考，人们可能会选择先做其他更令自己愉悦的事情，以此来缓解焦虑。

然而，当任务既有趣又简单时，人们更倾向于及时完成。这是因为这类任务既能够带来乐趣，又不会带来太大的认知负担，因此人们更愿意立即着手完成。

当然，除了事情本身的原因，也有个体原因会造成拖延。在一篇发表于《心理科学》的研究中，研究人员使用磁共振成像研究了 264 名男女的大脑，然后通过填写一份调查报告来分析他们究竟是行动派还是拖延者。结果发现，行动控制力低下的人，即拖延者，平均来说拥有更大的杏仁核。杏仁核是大脑中参与情绪控制的区域，也是激发应急反应的位置。科学家表示，杏仁核体积较大的人更加具有现状导向性，因此他们会倾向于犹豫不决，甚至在没有更好的理由的情况下推迟开始工作。换句话说，拖延者也许只是更谨慎而不是懒。[4]

另一个导致拖延的重要原因与时间的维度相关。不妨回忆一下那些让你拖延的事情，你有没有发现计划越长远的事情你越不容易立刻去执行？比如你计划一年后参加雅思考试，那么今天你一定不会立刻坐下来安心研究考题，而是想着反正还有三百多天，也不用急于这一时吧？这种心理其实非常普遍，有一位心理学家因此提出了一个概念，叫作时间折扣。

时间折扣现象是指人们对时间内外的奖励或成本的感知会随着时间的推移而变化的现象。简而言之，它描述了人们对未来奖励或成本的价值降低的倾向。具体来说，时间折扣现象表明，人们更偏好即时的奖励或成本，而不愿意等待或承担未来的奖励或成本，即未来的奖励或成本对他们的影响被视为低于当前的奖励或成本。当我们考虑做出一个选择时，我们不仅会考虑它的实际价值，还会考虑时间因素。举个例子，假设一个人面临着健康选择：吃一份健康的沙拉还是享受一份美味的汉堡。尽管他知道沙拉

4　Caroline Schlüeter, Christoph Fraenz, Marlies Pinnow, et al. The structural and functional signature of action control [J]. Psychological Science, 2018, 29（10）: 1620 -1630.

对长期健康有益，但他更可能会选择汉堡，因为汉堡能够立即带来口味上的满足感，而沙拉的健康益处则是未来的收益，被时间折扣所影响。我们也可以认为，拖延是一种时间上的自我调节失败的形式，它反映了现在和未来自我之间的冲突。

现在，我们已经了解了拖延究竟是怎么一回事。既然拖延是每个人都有可能遇到的情况，那么我们就大可不必为此焦虑担忧。这里想跟大家分享两个我经常使用的，也是很容易上手的打败拖延的方法。

第一个方法叫作五秒法则。这个方法我推荐给了很多人，用过的人几乎都反馈效果神奇。五秒法则是由美国人梅尔·罗宾斯（Mel Robbins）提出的。她发现这个方法也是一个机缘巧合，那段时间，梅尔经历了失业、负债、酗酒，甚至婚姻也出现状况，起床更成为她不想面对的事，整个人好像跌落到了人生的谷底。她就这样浑浑噩噩地度过了一天又一天，完全找不到人生的方向和动力。有一天晚上，她又习惯性地失眠，当她打开电视机打发时间的时候，突然看到屏幕里美国国家航空航天局（NASA）火箭升空的影片，伴随着倒计时归零，她内心受到极大的震撼。她突然萌生出一个想法："我明天要把自己从床上发射出去，时间快到自己无法放弃！"第二天早晨，她又习惯性地不想起床。可是她忽然想起了昨晚看到的火箭发射，于是立刻开始对自己倒计时：五、四、三、二、一！奇迹发生了，她居然真的起床了。伴随着早起，她的生活也逐渐恢复了动力，慢慢地，她从一个拖延迷茫的人一步步夺回了对生活的主动权。

之后，她把自己发明的"五秒法则"介绍给其他人，还因此登上了 TED 的演讲舞台。她的演讲《如何不让自己的生活一团糟》（*How to Stop Screwing Yourself Over*）获得了数千万人次的观看。

为什么这个看似简单的"五秒法则"却有着如此强大的魔力呢？其实很简单，因为拖延很多时候来源于我们思考得太多。而"五秒法则"是简单粗暴的，刻意屏蔽了你的感受和想法，逼着你必须行动。就像我们参加研讨会的时候，当主持人询问有没有人想要分享观点时，你的大脑突然涌现出一个独到的见解，你觉得妙不可言，很想与大家分享。但当你正想举起手的时候，你的大脑又涌现出了无数的思考：万一大家觉得我的想法很幼稚怎么办？他们会不会嘲笑我？万一他们提出了质疑和反驳我该怎么办？这么一思考，你就出现了很多负面的情绪：焦虑、恐惧、担忧。于是你退缩了，选择了沉默。你看，其实你的需求和行动之间，并不是直接关联的，它们中间还隔着大脑，充满着你的浮想联翩和百感交集。而"五秒法则"则会在需求出现的时候，屏蔽你的大脑，将需求和行动进行直接关联，夺回我们对于身体的控制权。

有科学家表示，克服拖延最好的方法之一就是制造一个"发起仪式"。每当你想要拖延的时候，通过这个仪式，让你立刻停止拖延的行为。梅尔·罗宾斯的"五秒法则"就是一个短小精悍的"发起仪式"，它会刺激你的大脑前额皮质，即大脑里负责行动和注意力的部分，同时刺激我们的基底核，促使我们开始行动。

另外一个会从内心深处给予你力量击败拖延的方法，就是找到你做这件事情的真正动机。很多时候，我们都在盲目地寻求外在的克服拖延的解决方法或技巧，而忽略了从内在发掘带给我们源源不断动力的执行力。动机，便是这一切的关键。它可以让我们不再依赖外在的工具，而是自发地想要行动起来。这种力量也是极其强大的。很多时候，我们之所以把一件事情一拖再拖，根本原因就是我们不知道自己为什么要去做这件事情。这个问题一旦破解，其余的问题也都不复存在了。

　　说到动机，便让我想到我朋友的一个真实故事。我有个商业合作伙伴，他是一个中度肥胖的中年人。他的体重一度达到240斤，随之而来的是严重的心血管疾病和高血压。身边的人都劝他减肥，他自己也无数次表示要开始健身，但每次都是以失败告终。直到有一天我见到他，发现他瘦了许多，整个人看起来精神焕发，完全不一样了。我非常惊讶，询问他究竟是什么事情让他最终下定决心开始减肥。他叹了口气跟我说，那段时间他的身体状况很差，心脏总是时不时地难受，偏巧那时候他又特别忙，基本上每天都是深更半夜才能回家。有一天晚上他回到家，习惯性地去女儿的房间里看她，不承想，大半夜的，他6岁的女儿竟然还没睡，躲在被窝里偷偷哭泣。他心疼坏了，赶紧把女儿抱起来，问女儿发生了什么。女儿看到是爸爸回来了，立刻紧紧抱住了爸爸的脖子，哭得泣不成声，说道："爸爸！你不要去工作了！我刚才梦到你心脏不舒服死了，我害怕！我不想要爸爸离开我！"女儿的眼泪蹭了他一脸，突然间他也泪流满面了，他觉得内心被深深地刺痛了。也是那个瞬间，他才忽然意识到，如果他再不去重视健康问题，也许他幼小的女儿真的会失去他，他将不能看着她长大，看着她大学毕业，看着她结婚。这对于一个家庭观念极重的男人来说，是无法承受的痛苦。第二天一早他就换上了球鞋和运动服开始跑步。仅仅一个月，他就减去了 30 多斤。

这个故事让我非常动容，也让我思考了很多。就像在黑暗中航行的船需要找到灯塔一样，找到我们人生前进的方向会让我们从内心开始转变，从那一个契机开始，所有的行动都变得充满了意义。也只有这样，拖延才能真正地被我们征服。

我也曾是个完美主义者，当我想要做一件事的时候，我很希望尽善尽美。因此，我会想着等我准备得更好一点，等一个更好的时机，我再开始行动吧。因为这个原因，我失去了很多机会。在我创业的时候，因为我的完美主义，当我准备充分去向客户介绍产品的时候，客户告诉我，他们已经订购了别人的产品。

那时候我也曾愤懑，也曾失落，直到我突然明白完美从来不是行动的前提条件。因为当你迈出那一步行动起来的时候，你就已经开始不断地完美了。而如果你总在准备，总在等待，完美的一刻永远都不会到来，因为万事万物都在飞快地变化，再周全的准备有时候也难以捕捉那些变幻的瞬间。

既然如此，不如勇敢地开始吧。

然后你会发现，原来完美一直都是进行时。

3.4 创造力：
点亮创造力的火花

给你一根曲别针，你能想到它的多少种用途？

1983 年在中国召开过一次创造学会，日本的创造学家村上信雄走上主席台拿出了一把曲别针，同时提出了上面这个问题。当时全场一片沸腾，很多人纷纷举手说出不同的用途，答案从几十种到成百上千种，各不相同。这时台下有人递上来一张纸条，上面写道："这个曲别针可以有无数种用途。"第二天，写纸条的人就此做了一场讲演。他把曲别针的总体属性分解成重量、体积、长度、截面、弹性、直线、银白色等 10 多个要素，再把这些要素用根标线连接起来，形成一根信息标。然后，再把与曲别针有关的人类实践活动要素进行分析，连成信息标，最后形成信息反应场。最终的答案接近于无穷。这个人叫许国泰，他提出的这个方案后来被称为"魔球现象"。

这个故事体现出的就是创造性思维的力量。

在人类的漫长历史中，创造力一直被认为是无穷无尽的宝藏，是人类智慧和灵感的源泉。从古至今，创造力一直是推动社会进步、文化繁荣以及个人成长的重要引擎，它是人类思想的飞翔之翼，超越了常规的思维模式，勇敢地探索未知的领域，寻找新的可能。正是因为创造力的存在，我们才有了艺术的辉煌、科学的突破和文化的多样性。例如达·芬奇的《蒙娜丽莎》、爱因斯坦的相对论、莎士比亚的戏剧作品，都是创造力的杰作，永远闪耀在人类文明的星空中。

即便是人类的日常生活，也离不开创造力的助力。很多时候，创造力是解决问题的利器。在面对挑战和困难时，创造力能够启发我们找到出路。同时，它也是个人成长和发展的助推器。这也是现代社会创造力备受推崇的原因。根据世界经济论坛最新的未来就业调查，创造力位列2025年企业所需技能的前五名。Adobe 首席产品官斯科特·贝尔斯基（Scott Belsky）曾经表示，随着自动化的发展，创造性角色将持续存在，因为创造力是人类所独有的。下一代劳动力能否成功将取决于是否能以机器人无法做到的方式产生影响。Adobe 在 2016 年曾经做过一个研究，发现有创造力的人的收入比没有创造力的人平均高出 13%；而在社会价值方面，有创造力的人的幸福感比没有创造力的人高出 34%。对创造力相关领域进行投资的公司，在收入增长、市场份额、竞争地位和客户满意度等方面均超越竞争对手。可以说，全球市值最高的几大公司，每一个都是发挥创造力的极致典范。

虽然我们都觉得创造力极其重要，但遗憾的是，很多人并没有正确地理解它。比如，很多时候我们觉得一个人的智商越高创造力就会越高。但实际情况却和这种普遍认知完全相反：那些有创造力的人在智商测试中往往得分较低，这并不是因为他们不能回答测试中的问题，而是因为他们的回答包含了多种解决方案。

说到这里，我们就需要引入一个概念，那就是思维。发散思维与收敛思维是人类思维的两个最基本的类型。发散思维是一种求异思维，为在广泛的范围内搜索，要尽可能地放开，把各种不同的可能性都设想到。收敛思维是一种求同思维，要集中各种想法的精华，达到对问题的系统全面的考察，为寻求一种最有实际应用价值的结果而把多种想法理顺、筛选、综合、统一。发散思维与收敛思维是一种辩证关系，既有区别又有联系，既对立又统一，甚至很多时候，发散思维与收敛思维是交织在一起的。在进行智商测试的时候，目的是衡量收敛思维，也就是我们在一个想法上达成一致，按逻辑步骤进行；然而发散思维是一种创造性思维，是一种反系统性的、开放性的解决问题方式。看到这里，已经不难解释为什么创造力高的人在智商测试时反而得分偏低了。

　　发散思维有四大特征。第一个特征是流畅性，指的是在短时间内产生大量想法的能力。这可以通过你遇到一个问题时，短时间内提出的点子数量来判断。第二个特征是变通性，是指从多个角度处理问题的能力。不仅点子的数量多，而且这些点子应该来自不同的角度。第三个特征是独创性，是指产生新奇想法的能力。不仅点子数量多，角度多，而且这些点子是之前没有人想到过的。第四个特征是精细性，是指组织这些想法并付诸实践的能力。不仅点子多，角度多，纯原创，更重要的是能够落实到行动上。从第四个特征中我们可以发现一个重要的信息，那就是单纯的思维发散并不一定会增加我们的创造力，还需要落到实际行动上，也就是说，我们需要进行选择性保留。选择性保留意味着在发散思维的基础上，我们选择性地保留或筛选出最有价值、最有创意的想法和解决方案。虽然我们可能会产生许多不同的想法和观点，但并非所有的想法和观点都具有同样的价值和适用性。因此，在发挥创造力的过程中，我们需要进行选择性保留，将最具创意和有效性的想法留存下来，进一步加以发展和实施。将发散思维和选择性保留结合起来，就形成了创造力。

从脑科学的角度来说，创造力与人脑的三大神经网络紧密关联，也就是让你在发呆时产生联想的默认模式网络、集中执行一件事的中央执行网络以及负责切换这两种模式的突显网络。

我们先看中央执行网络。中央执行网络是大脑最基本的思考模式，它的主要作用是让你把所有的注意力都集中到一件事情上。人每时每刻面对的都是海量信息，如果每个信息都要处理，那么大脑系统就会崩溃。通过中央执行网络，可以让我们选择关注什么，忽略什么。几乎人类所有的思考活动都需要运用这种模式。这种模式的极致就是达到一种物我两忘的状态，在那一刻全世界都不存在了，只剩下你所集中注意力思考的事情。这种状态就是心流，它会让你保持在高质量高效率的思考中，屏蔽了所有与当前事务无关的信息。这就是为什么在这个状态中你可能会走路撞到电线杆。

当然，光依靠集中注意力还远远不够。我们还需要第二个网络的合作，那就是默认模式网络。在默认模式网络的情境下，我们做事几乎不需要思考，不需要与别人交流。这时候最容易发生的事情就是神游。我们的大脑开始发呆开小差，思绪一下子不受控制，可以跑到千里之外，也可以突破时间空间的限制。这时的大脑活跃度非常高，而且是一种极度发散的状态，大脑开始浮想联翩。比如洗澡的时候看着花洒中的水流，突然想到了小时候在河边卷起裤腿去抓小鱼，又想起了去年在海边度假时看到一个穿着体面的人开着一辆时尚的跑车，那辆跑车的颜色是粉色的，有点像自己新买的电脑的外壳颜色。然后又想起这台新的笔记本电脑自带一个强大的 AI 功能——突然，你灵机一动，想到了目前正在跟进的项目恰好可以利用这个 AI 功能提高效率！通过这种漫无目的的联想，你忽然发现了一条不同于你之前苦思冥想的新思路，这就是默认模式网络在创造力活动中的作用。

许多创意无限的人，很容易进入这种默认模式网络状态，一旦放松下来就可以思绪万千。因为这个原因导致他们有时候看起来心不在焉或者反应慢半拍，但他们往往可以带来灵感的火花。

即便拥有了默认模式网络和中央执行网络，产生创造力仍然需要很多条件，比如需要进行反复的深度思考，尝试过各种方法，才能处于随时待机状态，在潜意识中搜索各种可能的答案，这时候就需要第三个系统突显网络。

突显网络像是一个巨大的筛选器，它会对当前的想法进行价值判断，然后为其打上标签，如果打上了"重要"的标签，这个想法就会进入中央执行网络进行集中思考，如果打上了"不重要"的标签，就会继续展开默认模式网络的联想。

这种价值判断的标准并不是天生的，也需要依托于一种算法。而这个算法需要很多相关领域的底层逻辑的输入，所以有创造力的人平时总是喜欢关注各种各样的新鲜事物，即便这些新鲜事物在当下并没有什么用，但你永远不知道哪一天这个新的知识点就会被激活，然后成为一个创意的火花。这也是为什么这些有创意的人有时候看起来三心二意，这里看看，那里学学，东一榔头西一棒槌，但是这些看起来浪费时间的行为其实都是创造力产生的必要铺垫。相反，很多有效率的人在创造力方面却十分缺乏，因为他们的目标感太强了，一秒钟都不肯浪费，所以不会把任何时间精力花费在当下不需要的事物上。他们的突显网络也就对新想法的价值不那么敏感了。

所以综合起来，促使创造力产生的顺序其实是这样的：首先在中央执行网络中，遇到一个新问题找不到良好的解决方案，于是选择暂时放在一边。接下来在默认模式网络状态下，通过发散式的联想，无意中发现一条新的思路，可以为那个问题提供新的解决方案。之后，突显网络会进行判断，当它认为这是一条有价值的想法时，立刻把大脑切换到中央执行网络，用新的思路进行集中思考。当这三个网络被同时激活时，我们可以发挥出三种能力：转化、分解和融合，并以一种全新的方式将所见和所感融合在一起。这时候创造力就诞生了。

你或许觉得这样看来，激发创造力并不是一件容易的事情。但其实，创造力是我们每个人与生俱来的天赋。20世纪60年代，NASA要求乔治·兰德（George Land）博士开发一套创造力评估工具，旨在帮助航空航天局识别和聘用最有创造力的工程师和科学家。兰德募集来了1600名4~5岁的儿童，让他们参加一个"启智计划"。令人惊讶的是，最后的结果显示 98% 的孩子在创造性思维方面被认为是天才。兰德大为震惊，于是继续跟踪这组孩子的成长过程。5 年后，他再次对他们进行测试，发现只有30% 的孩子在创造性思维方面仍然达到天才水平。又过了 5 年，在这些孩子 15 岁时他再次进行了测试，这一次达到天才水平的人数已经下降到只有 12%。仅仅 10 年就出现了惊人的差异。之后他又测试了大约 2 万名 30 岁左右的成人，结果成年组在创造力方面的天才人数比例只有2%！

这个测试让很多教育学家开始反思传统的教育模式。但兰德博士在研究中有了一个颇有意义的发现，那就是创造力会随着年龄增长和受过的教育而发生改变，创造性行为与非创造性行为都是可以习得的，虽然不是 100% 可以习得，但遗传基因只在其中发挥一定的作用。换言之，只要我们愿意，提升创造力并不是一件遥不可及的事情。我们可以通过以下七件小事让我们的创造力突飞猛进。

第一件事就是拓展你的感知力。想象力和创造力往往与感官体验的探索有关，因此我们可以通过探索我们的非主导感官找到新的想法。我们常常会因为眼睛看到的东西而忽略其他感官。大多数时候，视觉和物品外观的重要性凌驾一切，视觉因素也经常是我们考虑的唯一因素，我们几乎把焦点全部放在视觉感受上，而很少想到我们所处的空间听起来如何，闻起来如何。人类在生理结构上本来就是以视觉为主，即使在其他感官主导的时刻，比如吃饭时应该是味觉主导，听音乐会时应该是听觉主导，但视觉仍对我们的感受有着巨大的影响。牛津大学跨感官研究实验室曾做过一项名为"康丁斯基之味"（A Taste of Kandinsky）的实验，60 名受试者被要求品尝一道菜品。他们吃的东西完全相同，只是摆盘的方法有很大的区别。受试者在品尝菜品前后需要填写问卷，内容包括对摆盘方式的喜好、预期的美味程度，以及吃完后的感受。结果较为精美艺术的摆盘风格让受试者对菜品的喜好程度高出许多，食物被认为较美味，受试者也愿意为这道菜支付更多钱。为了激活更多的创造力，偶尔闭上眼睛，训练用其他感官来体验我们的生活，将能激发大脑不同区域的活动，促进思维的灵活性和创意的产生。

第二件事是尝试进行一次新的体验。寻求新的体验是对大脑的创造力和想象力的一种锻炼。激发想象力和创造力最可靠的方法之一就是寻找你没有经验的环境。体验或学习新事物需要你的头脑以新的方式思考，它为创造力的诞生提供了新的视角和坚实的基础。由国际心理学家组成的研究小组在一项研究中发现，体验新经历、接触新的人和事物以及游历新的地方能使人更有创造力，并有利于激发原创思维。这种对新经历、新事物的开放态度有利于人们在社会中激发更多的创造力。在实验中，研究人员要求 798 名受试者在 3 分钟内说出砖头的多种用途，并根据他们回答的流畅性、灵活性与独创性进行打分。其中最有创意的受试者乐于体验新事物，在探寻新事物方面得分也高。因此，你可以大胆地去一个新的地方旅行，参加从未体验过的绘画、雕塑甚至木工课程，或是尝试备受争议的新食谱，这些都会给你带来灵光一现的瞬间。

第三件事是每天留给自己一点时间做白日梦。随着互联网的迅速发展，我们的闲暇时光早已被智能手机和其他电子设备占据，稍微有一点空闲的时间我们就会习惯性地打开手机刷一刷短视频。这种变化看似毫不起眼，但却会对我们的思维方式和群体性创造力产生深远的影响。你是否思考过我们到底在接收一些什么信息？我们真正能从中得到的回报是什么？为什么我们总是觉得很忙？你是否感到被剥夺了一天中发呆的时间？在之前的内容里，我们分析了创造力是如何产生的。如果我们的每一天都被塞得满满当当，连做白日梦的时间都被剥夺得一秒不剩，那将是一件可怕的事情，因为我们的创造力永远都无法从中央执行网络走到默认模式网络里了。因此，不妨尝试把自己从这种虚假的需求中解脱出来，为你的创造力重新找回这些零散的却重要的时间。放下你的手机，放下你的电脑，投入到生活中去，无论是盯着窗外发呆，还是一个人喝一杯咖啡，都会让你受益匪浅。

第四件事很简单，却效果显著。那就是在你经常停留的空间里加入蓝色的元素。也许你也有这样的感受，当你在海边漫步的时候，眺望着远处湛蓝的海天一色，听着一波一波的海浪拍打着礁石，你会觉得前所未有的放松和平静，继而会有无数灵感闪现在你的脑海。英属哥伦比亚大学的一项研究发现，蓝色能增强创造性任务的表现。当人接近江河湖海时，大脑就会从思绪万千中脱离出来，进入一种放松的状态。当大脑处于放松的状态，便更能接纳灵感和创造性的思维。所以，不妨在你的办公室或者书房摆放一件蓝色的艺术品，或者挂上一幅蓝色主题的绘画，用这种最简单的方式来激发你的创造力。

第五件事源自我们每个人的天性，只是随着年龄的增长被我们淡忘了，那就是做想象力游戏。激发想象力和创造力是儿童的一种自然状态，孩子们在想象力游戏中花费的时间高达三分之二。所谓的想象力游戏是在非现实中进行的游戏，比如孩子们会把香蕉当电话，把纸板箱当火箭，把棍子当钓鱼竿。我们不妨让自己偶尔放松一下，回到孩提时的状态，给自己一个大胆的机会，完全地放弃成年人世界里的条条框框，拥抱无限的想象力，接受自己脑海中出现的任何事物，无论它是多么不合逻辑，你也可以借助魔幻现实主义小说来帮助你开启想象之旅。当然如果你有孩子也可以询问他们是否可以和他们一起玩耍。

第六件事很浪漫，也很奏效，那便是凝视星空。仰望星空有着悠久的历史，激发了许多思想家、发明家和梦想家。譬如古代天文学家张衡小时候痴迷于研究变幻的星空，因此爱上了天文，之后发明了浑天仪和地动仪。尼古拉·哥白尼也是因为想要更多地探索星空，之后成了一名伟大的天文学家。我们的祖先花了无数个夜晚凝视着变幻莫测的星空，想要从中得到一星半点儿对于生命的思考与启发。凝望星空不仅会让我们内心平静，还会带来视觉上的美妙体验，引导我们思考人生和人类在宇宙中的位置。心理学者曾经做过一项实验，邀请了一群 6 岁至 9 岁的孩子到实验室观看图片。第一组孩子看的是大量常见物品的图片，例如桌子、椅子、生活用品等；第二组孩子看的是大量星空的图片，例如银河系、恒星、黑洞等天文景象。之后让孩子们回答一些问题。结果发现第一组孩子的回答范围十分狭窄、缺乏创造力；第二组孩子的思维非常发散，拥有更多的想象力和创造力。所以不妨尝试走出城市，离开闪烁的霓虹灯和人造光源，找一个安静的可以看到星空的地方，静静地看着那片遥远的星河。也许你苦思冥想都想不明白的问题在这一个瞬间就可以得到答案。

最后一件事更是一件随时随地可以做的事情——散步。随着脑体分工和社会的发展，越来越多的人的活动范围被锁定在了室内。朝九晚五，两点一线，几乎大部分时间我们都待在室内。然而，根据当时还在美国加利福尼亚州圣塔克拉拉大学工作的科学家马瑞利·欧佩佐（Marily Oppezzo）进行的一项新研究，与坐着相比，人在散步时，尤其是在户外散步，会更富有创造力。实验中，科学家对受试者进行创造性测试，例如让他们在走路或者坐在椅子上的同时进行词语联想游戏，结果受试者在走路时说出的富有创造性的想法的数量是坐在椅子上说出的两倍。此外，研究还发现走路要比只待在户外更有助于激发创造力。2014 年斯坦福大学也通过一项研究发现，与静坐相比，步行时创意性思维产出平均增加了 60%。所以我们便不难理解哲学家尼采曾经所说："所有了不起的思想都是在散步时迸发的。"法国哲学家让·雅克·卢梭也曾说过："散步有一种刺激和活跃我思想的作用。当我待在一个地方时，我几乎无法思考；我的身体必须在移动中才能让思想运转起来。"为什么散步会激发我们的创造力呢？美国爱荷华大学对此做了一项实验来研究散步对大脑连接的影响。实验招募了 65 名 55 岁至 80 岁长期坐在沙发里看电视却不喜欢运动的人，在核磁共振仪上对他们的大脑进行扫描。在接下来的一年里，一半受试者被要求每周进行 3 次 40 分钟的散步。其他受试者继续坐在沙发里不动。一年后，再次用核磁共振仪对每个人的大脑进行扫描。结果显示，每周散步的受试者的大脑区域的连接性有了明显的改善，形成了更多的神经连接，这对我们创造性思维的开启有着重要作用。如果你正苦于缺乏创造力和灵感，不如放下手中的工作，换上舒适的运动鞋，到户外走一走，漫无目的地欣赏随机出现的各种人和事物。相信坚持一段时间，你会发现明显的变化。

最后想告诉你一个关于创造力的秘密。很多人觉得自己被时代的洪流推着走，时时刻刻都会出现无法预料的变化，每天都在压力之中喘不过气。如果你正因此焦虑的话，那么你应该恭喜自己，因为你正处在创造力爆发的边缘，是选择崩溃还是奋起，全在你的一念之间。我自己就曾经历过这样的爆发点。那是在我刚开始从事销售工作的时候，公司给我们团队定的业绩目标是一个在当时看来不可能完成的任务。那时候我特别消极，觉得再怎么努力都不可能做到那个目标的十分之一。我绞尽脑汁，也想不出调动团队更大的积极性、取得更高业绩的方法。我焦虑得吃不下，睡不着，一度想要放弃。直到有一天，我实在不想去自己的办公室了，于是找了个机会去生产部门参加了他们为期三天的培训。谁知道这个无心之举竟然带给了我超凡的灵感。他们的管理流程和方法给了我很多启发。三天之后，我在团队中发起了几项创意十足的活动，把生产部门的策略用在了销售上。结果半年后，当时定下的年度目标就被我们轻松完成了。

你可能觉得这样的灵光乍现不过是个巧合，但其实并非如此，在焦虑中爆发灵感的例子比比皆是。1975 年，一个叫维拉·布兰德斯的 17 岁德国女孩迎来了她生命中最激动的一天。她当时是德国最年轻的演奏会经纪人，她说服了科隆歌剧院举办美国音乐家凯斯·杰瑞特（Keith Jarrett）的爵士深夜场音乐会，那将是一场超级隆重的活动，1400 位观众即将到场。可是在开演之前，凯斯的乐器出现了问题，剧场的钢琴又年久失修，完全无法弹奏高音，眼下也来不及找人来修理了。眼看到了开场的时间，维拉难过得流下了眼泪。谁知，凯斯淡定地走上了舞台，神奇的事情发生了。他避开了那些高音部分，一直用键盘上的中音区演奏，这样的改变不仅使得曲调更加优美，还产生了环绕音的效果，最终演出大获成功。那场科隆音乐会的录音成了有史以来最畅销的钢琴曲专辑和爵士独奏专辑。这就是困境中所激发出的创造力。

为什么负面境遇会成为激发创造力的土壤？这不得不让我们再次审视一下焦虑。你可能会觉得挫折让你信心全无，焦虑让你举步维艰，但事实上，焦虑是人在进化中所必备的情绪，它让我们做好准备、保持警惕，并以避开未知灾难的方式行事。正因为我们常因挫折而焦虑，所以我们才需要具有创造力去改变这种境遇，而且我们的大脑在面临不可预测的情况时，还会更加专注以及做出高效反应。过多的慢性焦虑会成为扼杀创造力的毒药，但适度的焦虑并不是一无是处，它不仅是大脑的恐惧回路，也能成为我们完成目标的动力，督促我们更加努力，并能提高我们的工作效率。

作为一个现代人，我们无法避免产生焦虑，与其恐惧，不如敞开心扉。如果我们可以学会正确地与焦虑面对面，与之共舞，那么它往往能成为我们探索未知领域的推动力，成为激发我们创造力的强大推进器。

3.5 记忆力：
过目不忘不是一种魔法

我经常听到身边的人抱怨：年纪大了，记忆力变差了，没法好好学习了。每每此时，我都会想起吉姆·奎克（Jim Kwik）。他是一位擅长快速学习的大师，世界公认的大脑教练。童年时，他的大脑曾遭受损伤甚至危及生命，并因此患有学习障碍长达 15 年。后来他发现，传统的学习路径对他来说已经不起作用了，所以他开发了新的记忆和学习方法。之后很多著名的电影明星和企业家经常来向他请教关于记忆力和快速学习的秘密。他曾说过一句话，我对此印象非常深刻，也经常用这句话来鼓励我身边的人，那就是："记忆力无好坏之分，只有训练和未训练的区别。"

我们不妨先来了解一下，到底记忆是如何工作的。人类通过学习来编码信息，形成记忆，使其能够适应行为并促进发展，学习这一行为涉及在大脑结构上留下持久变化的可塑性形式，这些变化是信息编码和未来回忆的基础，也称为记忆印记。提到记忆，就不得不提到海马体和大脑皮层。海马体位于脑颞叶内，每个人都有两个海马体，分别位于左右脑半球。海马体是组成大脑边缘系统的一部分，发挥着关于记忆以及空间定位的作用。20 世纪 50 年代，有一位名叫亨利·莫莱森（Henry Molaison）的患者，在接受癫痫手术时海马体受损，丧失了储存记忆的功能，但手术前的那些记忆却还在。于是人们便发现了海马体对于记忆的重要作用。大脑皮层则是整个中枢神经系统的最高级中枢，它的高度进化也是哺乳动物进化的标志。其中位于两眼正中的前额叶皮层与语言记忆等高级认知功能密切相关。

从保持时间长短上，记忆可以分为感觉记忆、短时记忆和长时记忆。感觉记忆是对外界刺激的暂时性反应，涉及感觉器官接收到的信息，比如视觉记忆（视觉图像）、听觉记忆（听到的声音）和触觉记忆（触摸感觉）等。感觉记忆的持续时间非常短，只能维持几百毫秒到几秒钟。短时记忆是对信息进行暂时性存储和加工，如果信息没有进一步加工和重复，很快就会从短时记忆中消失。长时记忆是相对较长时间的保留信息，时长从几天到几十年甚至一生不等。长时记忆是人类记忆中最持久和最重要的形式。在很长一段时间里，科学家认为海马体会先制作短时记忆，之后逐渐转变成储存在大脑皮层里的长时记忆。

一直到近代，日本理化学研究所（RIKEN）与美国麻省理工学院皮考尔学习与记忆研究所（Picower Institute for Learning and Memory）神经回路遗传研究中心通过实验有了一个惊人的发现。这个实验是在小白鼠身上进行的，但据说该发现同样适用于人类。2012 年，他们开发了一种创新的方式，可以标记被称为印迹（engram）的细胞，从而能够追踪特定记忆的行程；他们还使用光线射入小鼠的大脑，以控制短时记忆或长时记忆的打开与关闭。研究人员对实验小鼠施以电击后，观察其海马体及大脑皮层同时产生的对于电击的记忆。不过小鼠产生记忆后的头几天，在大脑皮层尚未成熟时，所储存的长时记忆并未被使用。因此，如果研究人员此时关闭位于小鼠海马体的短时记忆，小鼠就会遗忘遭受电击的经历。当研究人员尝试重新启动其长时记忆时，小鼠就会再度唤起对电击的恐怖回忆。科学家们认为，长时记忆在形成的初期是不成熟或者是"沉默"的，而海马体和大脑皮层之间的联系假如受阻，那么长时记忆就永远无法成熟。也就是说，短时记忆和长时记忆是同时产生的——人脑把信息备份，同时储存了两份同样的记忆版本，一份供当下用，另一份则永久保存。[5]

那么，人的记忆力究竟是天生的还是后天训练出来的呢？美国国家精神病研究所发表的一项研究表明，在正常人群中，脑源性神经营养因子（brain-derived neurotrophic factor，简称BDNF）会显著地影响人的记忆能力。也就是说，遗传因素影响脑发育和行为变化的变异率在60%左右。后天因素对记忆力的影响占据了40%的比重。这一切的秘密都在于神经的可塑性。神经可塑性指大脑因应外界活动输入或经历变化，而改变神经信息传递效能的现象。这种可塑性既可以发生在功能与结构层面，也可以发生在突触、细胞、环路及网络层面。很多人觉得年龄大了，脑细胞不会继续增长，所以记忆力也会随之衰退。就像亚里士多德曾在《论记忆》中写到的，他把人类的记忆

---

5 Susumu Tonegawa, Mark D.Morrissey, Takashi Kitamura. The Role of Engram Cells in the Systems Consolidation of Memory [J]. Nature Reviews Neuroscience, 2018, 19（8）: 485-498.

力比作一块蜡板。在出生时，蜡很烫，可塑性很强，但是随着它渐渐冷却，就会变得又硬又脆。可是当我们破解了可塑性的密码，便知道年龄从来都不会是记忆的障碍。只要你愿意，通过练习，就可以形成新的神经回路，获得超强的记忆力，轻松实现过目不忘。

或许你会觉得，随着年龄的增长，记忆力下降是不可避免的。对此，科学家也曾做过很多实验来研究。比较典型的例子就是对于语言的学习。现在很多家长把孩子学习第二语言的时间提前了，家长们觉得应该在孩子还小，学习能力强的时候让他们尽快掌握第二语言。关于这个问题，曾有科学家做过研究。加拿大约克大学通过分析移民的调查数据后发现，移民的语言流利程度并非在过了关键时期（儿童时期）后就急速下滑，而是呈现出随着年龄的增长逐步下滑的趋势。科学家们猜测部分原因可能是儿童有更多的学习语言的机会，且对出错并没有那么在意和害怕。再比如很多语言大师，如翻译大师许渊冲先生，他的孩提时代并不是在国外度过的，但他在语言上取得了很高的造诣，这些都说明了决心、毅力和勤加练习往往是成功的基石，而与年龄并无很大的关联性。

至于为什么我们容易产生年龄大，记忆力减退的错觉，很多时候是因为情绪在作祟。美国北卡罗来纳大学曾做过一个实验，研究 60 岁以上老人的行为，结果发现他们常常低估自己的记忆力，并养成了一些坏习惯，导致大脑无法发挥原本的作用。研究人员特意设计了一个词语学习实验。其实这项学习的难度系数并不高，可是大部分的老人不太愿意依赖自己的记忆进行学习，而是采取了较为谨慎却费时的策略。在另一项研究中，研究人员要求老人们详细记录自己的日常生活，结果在大部分老人身上发现了回避记忆的情况。比如他们开车的时候明明记得路线却一定要依赖 GPS（全球定位系统），做菜时明明记得菜谱却仍要时时查看。而造成这一切的是一种负面的心理暗示——他们缺乏信心。他们也被"年纪大了记忆就会变差"这种固有的观念所左右，所以他们不相信自己还拥有学习和记忆的能力。最终，缺乏信心成了一种自证预言。而恰巧因为缺乏使用，记忆力果真就逐渐衰退了。[6]

所以比起年龄，情绪可能是记忆力更大的敌人。西北大学研究了记忆和积极情绪之间的关系，该研究小组分析

6　Touron, D. R., Hertzog, C. Age differences in strategic behavior during a computation-based skill acquisition task [J]. Psychology and Aging, 2009, 24（3）: 574-585.

了 991 名参与者的数据，经过研究发现：积极情绪水平较高的参与者的记忆力下降得更慢。对此，你我可能都有过类似的经历。当我们在轻松愉快的状态下学习新知识的时候，会发现我们的学习速度和理解程度远远高于抑郁消极状态下的情况。

当然，无论你天生的记忆力多好，又或者你进行了怎样勤奋的记忆力训练，遗忘依然是不可避免会发生的事情。很多时候，我们以为遗忘是一件很糟糕的事情，它代表你的所有努力都成了徒劳。就像我曾经在大学期间学过西班牙语，可是多年未曾使用。后来有一天，我来到了巴塞罗那街头，发现我的西班牙语差到不足以让我顺利地买到一份海鲜饭，那一刻我真的非常懊恼。我痛恨遗忘，我觉得遗忘让我两年的辛苦学习成了徒劳。但其实，遗忘也有着重要的意义。

哈佛大学在一项新的研究中，使用一种用于大脑研究的模式生物秀丽隐杆线虫进行测试，结果发现遗忘不会逆转大脑因学习而产生的变化，也不会消除这些变化。研究人员教会这些线虫通过气味来识别并避开使它们生病的传染性细菌。一个小时后，线虫们已经忘记了如何辨认和识别。然后，研究人员分析了这些线虫的大脑活动和它们神经系统中表达的基因，并将它们与从未学习过或刚完成训练的线虫进行比较，结果发现，忘记行为的线虫的神经活动和基因表达既没有恢复到原始状态，也没有与刚完成训练的线虫的神经活动相匹配。也就是说，遗忘会产生一种新的大脑状态，这种状态既不同于学习发生之前的状态，也不同于学习行为被记住时的状态。研究人员继续测试是否可以通过提醒唤醒记忆，反馈是积极的。通常训练这些线虫需要三到四个小时，但那些接受再训练的线虫在大约三分钟内就完成了这个过程。换言之，被遗忘的东西并不是我们所理解的那样完全消失了，而是可以重新被激活。[7]

虽然导致遗忘的因素有很多，但自然情况下的遗忘是大脑功能的一部分。健康大脑中遗忘的普遍程度表明，遗忘可能代表了正常记忆功能的一个重要特征，而不是一种功能缺陷。神经科学家研究发现，自然遗忘与以下四个机制有关：一、突触重量变化对记忆可及性的重要性；二、细胞内信号机制引发遗忘并作用于突触变化的上游或下游；三、海马回路重构可能会改变现有突触在记忆印迹细

---

7 Vladislav Susoy, Wesley Hung, Daniel Witvliet, et al. Natural Sensory Context Drives Diverse Brain-wide Activity during C. Elegans Mating [J]. Cell, 2021, 184（20）：5122-5137.

胞上的权重；四、小胶质细胞通过消除补体蛋白标记的较弱的突触连接来塑造脑回路。这四个机制有一个共同的特点，那就是突触强度的改变。研究人员认为，遗忘是由于突触权重的改变，神经回路的重构，导致记忆印迹细胞的可及性降低，将记忆细胞从可访问的状态切换到不可访问的状态。

那么又是什么决定了哪些需要被记住，哪些需要被遗忘呢？研究人员表示，生物环境的变化提供了调节遗忘率的知觉反馈。当学习到的感知环境被重新遇到时，大脑会删除与预测不相符的细节，从而忘记无关的细节。因此，遗忘与记忆一样，都是一种学习的过程，为了适应新的环境，忘记暂时无用的和过时的信息可能是一个很好的策略。这将使得我们可以更灵活地应对变化。

既然遗忘是一种选择的过程，我们也可以通过相应的手段，来减少不必要的遗忘，增强我们的记忆力。我比较推崇的记忆方法是吉姆·奎克提到的 MOM 记忆法。

MOM 是三个英文单词的缩写，M 代表 Motivation（动力），动机是记忆的动力。在学生时代，有时候为了应试，我会临时抱佛脚。知道第三天要考试了，前两天不眠不休，死记硬背书上的每一个知识点，然后忐忑不安地走进考场。考完试后，在很短的时间内，那些应试内容就像被橡皮擦擦除了一样，通通从我的记忆里消失不见了。心理学家也曾做过类似的实验。在一次实验中，科学家测试了两组受试者，他要求第一组受试者把主要内容记住，并告诉他们两小时以后测验。他又告诉第二组受试者把主要内容记住，两星期以后测验。之后，他对这两个组同时进行两小时后的和两星期后的测验。结果在两小时后的测验中，第一组比第二组成绩优秀，而在两星期后的测验中，第二组比第一组成绩好。这充分体现了动机会直接影响记忆。充分的动机会刺激我们的大脑分泌大量的多巴胺，激发我们对知识的渴望，又可能使我们对特定的活动，比如学习或者复习上瘾。另外，强烈的动机也可以调动我们的专注力，让我们把需要记忆的知识点进行系统化的编排。德国心理学家沃尔夫冈·柯勒（Wolfgang Kohler）曾经说过："有动机的记忆就是有动机的编排。"

O 代表 Observation（观察），观察是大脑多种智能活动的一个基础能力，它是思维和记忆的基础。观察可以把需要记忆的信息深深地储存在我们大脑里面。大脑对材料细节储存得越多，说明观察的能力越强。良好的观察力可以提供更多的输入信息，帮助记忆过程中的编码和提取，有助于记忆力的发挥。通过细致观察周围环境和细节，人们可以更好地将信息编码到记忆中，增加记忆的深度和准确性。进化论的奠基人达尔文曾对自己有过这样的评论："我既没有突出的理解力，也没有过人的机智，只是在观察那些稍纵即逝的事物，并对其进行精细观察的能力上，我可能在众人之上。"

M 代表 Methods（方法）。在前面我们也提到了，好的记忆力除遗传的先天因素外，后天的训练也极其重要。所以用对了方法，很多知识你想忘也忘不掉。

目前比较符合记忆行为习惯的学习方法之一是根据著名的"艾宾浩斯遗忘曲线"衍生出的间歇式学习法。赫尔曼·艾宾浩斯（Hermann Ebbinghaus）是德国著名的心理学家，他根据人的短时记忆和长时记忆特征，发现了记忆遗忘规律，形成的坐标图曲线便是记忆遗忘曲线，也称艾宾浩斯遗忘曲线。

我们可以根据艾宾浩斯遗忘曲线来制订学习计划，这样记忆效果更好，学习效率更高。

这条曲线告诉人们，学习过程中的遗忘规律是：遗忘的速度很快，并且先快后慢。观察曲线，你会发现，如果没有任何与先前知识的强化或联系，信息很快就会被

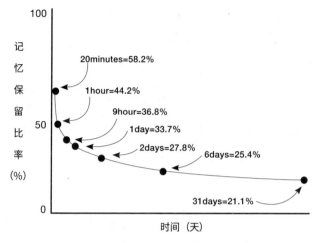

艾宾浩斯遗忘曲线图

遗忘——大约一小时内被遗忘 56%，一天后被遗忘 66%，六天后被遗忘 75%。随着时间的推移，遗忘的速度减慢，遗忘的数量减少。这个遗忘规律告诉我们，要想让所学到的知识保持 80% 以上的长时记忆，只有不断地重复记忆，因为每复习一次，就能让记忆保持在刚学过时的 80% 以上，多次强化后，短时记忆会变成长时记忆，就不会再忘记了。

这不禁让我想起很多人学习外语的方式。学习外语是一个需要日积月累的过程，但很多人学习外语总是凭借一时的热情，因为突然受到刺激，想要提升一下自己，然后信誓旦旦地表示要每天拿出四五个小时来努力学习。结果就是在开头的几天，他确实做到了挑灯夜读，如他所计划的每天学习四五个小时。然而这种热情很快就会随着时间的推移而衰减，也许可以坚持一周，或者半个月，最后多半是搞得自己精疲力竭，以放弃收场，什么也没学到，什么也不记得。如果我们借鉴了艾宾浩斯的遗忘曲线就会发现，学习不需要信誓旦旦地自我感动，更重要的是细水长流的坚持。与其每天花费那么多时间三天打鱼两天晒网，不如踏踏实实每天学习一定的时长，然后进行周期性的复习巩固。这样知识才会牢牢地停留在你的脑海中，并时刻准备着为你所用。

除了 MOM 记忆法，也可以通过日常的一些小练习来帮助我们时刻刺激大脑，获得更好的记忆力。一个很有意思的小练习就是每天花一些时间倒着走路。英国罗汉普顿大学的科学家曾经做过一个实验，他们向人们展示了一位女性的手提包被盗过程的分段录像。受试者在看完录像以后被分为三组，第一组正常走路几分钟，第二组原地不动，第三组倒着走路几分钟。完成这一通操作以后，研究人员开始询问受试者关于录像的细节问题。结果发现第三组受试者记住的细节最多。之后研究人员让受试者又看了一组图像和一串单词，得出的结果都与第一次相同。随后，研究人员又换了一种实验方法。这次，他们让受试者直接看录像。第一组看第一视角向前走的录像，第二组看第一视角向后倒退的录像。结果发现，第二组受试者的短时记忆更加准确和丰富。

这个研究与 2006 年在小白鼠身上进行的研究不谋而合。当小白鼠学会在迷宫中找到方向时，被称作"位置细胞"的神经元在每个位置都做了标记。研究人员发现，每当小白鼠在迷宫中停顿，神经元就会和每个它们一路上学习过的地点进行关联，并做逆向标记。所以当它们进行回溯时就能记住正确的路线。

为什么倒着走有如此神奇的功效，目前科学家对其原理众说纷纭，还没有明确定论。有一种说法是倒着走路，尤其是想象中倒着走路，会激活大脑海马体和内嗅皮层中的位置神经元、网格神经元、方向神经元和边界神经元的网络连接。正常走路的时候通常不需要用到这些连接，因为只需要控制躯干就可以。而这些神经网络的激活可能和与短时记忆相关的神经元有千丝万缕的关系。所以，我们不妨每天在安全的空间里倒着走几分钟，这对训练我们的短时记忆是个不错的方法。

　　最后，想和大家分享一个让我很感动的小故事。去年我回家的时候，见到邻居老爷爷从车子后备箱里搬出一个巨大的箱子，我立刻上前帮忙，并且询问他这个黑色的大箱子里装的是什么。老爷爷开心地跟我说："是大提琴啊！我以前最讨厌音乐，可是到了现在八十多岁的年纪，突然觉得音乐真是美妙，所以我想尝试学学看。我的梦想是半年后可以和其他几个老朋友组建一支小乐队。"当时我并没有把老爷爷的话当真，心想可能是待在家无聊，新鲜两天，热情过了也就放弃了，毕竟学习乐器不是一件容易的事情。

　　转眼到了今年年初，有一天我收到了一封信，打开一看是一封制作精美的音乐会邀请函，封面上印着四个老人家的照片，正中坐着的那位抱着大提琴的正是邻居老爷爷。那一刻我被深深地震撼了。那场音乐会虽然规模很小却非常成功，座无虚席。演出结束后，我给老爷爷送上了一束鲜花。他笑呵呵地对我说："一开始学的时候真是要了老命了，手脚完全忙不过来，谱子也记不住。还以为真的是年纪大了不中用了。谁知几个老头互相鼓励，还真的学成了。我这辈子也没想到我还能举办一场音乐会。"

　　是啊，我们这辈子有太多不敢去想却又无比憧憬的梦想。既然如此，不如放手一试。不要让恐惧阻碍你的梦想闪闪发光。

头脑能量自我提升练习
（可视化练习）

　　在这个章节里，我们一起深入探索了大脑的能量。我们也一再提到了大脑的神经可塑性。激活神经可塑性的方法有很多，在本章的练习环节，我将分享一个轻松好用且效果强大的练习方法——可视化练习。一旦你掌握了它，就可以激活你的潜意识，帮助你更加轻松地一步步实现人生目标。

　　可视化练习是一种心理演练的方法，是利用各种感官在头脑中创造或重新形塑某种经验，以达到放松、练习、激励等效果。或者我们可以说得更加形象一点，就是让你给自己的大脑定义一个主题，然后让你的潜意识把这个主题演绎出来。每个人都可以做到，因为我们的大脑是不可能不去带入的。比如现在我跟你提到蓝色的大象，你的大脑就会浮现出一个蓝色大象的图像。可视化练习其实就是给大脑发出图像的指令，让潜意识去自由发挥。在可视化练习中，重点并不是执着于我们看到的场景，不断地对自己呐喊我要成为最厉害最成功的人，而是在这个练习中，去激发自身强大的情绪，让美好的正向的意念充满自己和自己周围。在这个过程中，你的能量和你的频率都会提升。你想要的会被你的高频振动吸引过来。

说到这里，有很多人会觉得可视化练习是冥想的一种。关于这两者的关系，其实一直以来是有争论的。我的观点是，两者是有着截然不同的区别的。

目前主流的冥想流派是正念冥想，它也受到了很多世界名流的推崇。正念冥想起源于佛教中的修行方法——觉知、打坐。1970 年，美国麻省理工学院生物学博士、马萨诸塞大学医学院荣誉医学博士乔·卡巴金（Jon Kabat-Zinn），将佛教中的修行方法与现代心理学结合，开发出了类似于认知行为疗法的"正念减压"项目（Mindfulness Based Stress Reduction，简称 MBSR）。在短短 50 年中，MBSR 不仅成了诊所和咨询机构的必备项目，也开始被诸多大公司、学校接受，作为帮助员工和学生提升心理健康的重要方法。

正念冥想也是一种训练大脑的方法，它通过让人们专注于呼吸、专注于感受或其他事物，来训练自己的头脑，达到清晰专注的状态，从而摆脱负面情绪对人的纠缠，提升人的心理健康程度。简单来说，正念的目的就是需要你去专注，去时刻保持觉察，去向内观，去觉察你每一刻的所念、所想，用你的全部感官去体验当下。

诚然，可视化练习与冥想有着相似的地方，比如二者都要求你集中注意力，保持内心的平静，同时深入自我，去探索内在的情绪和感受。此外，冥想和可视化练习都可以激活大脑的特定区域，通过神经成像技术可以观察到大脑活动的变化，二者被认为有助于减轻压力、焦虑，提升心理健康和整体幸福感，而且都有助于个人成长和意识的提升，帮助人们更深刻地了解自己，提高自我意识。但仔细对比，二者还是有着本质的区别，冥想旨在实现心理清晰和情绪平静，涉及如正念或专注于某个对象或思想的技巧，而可视化练习则作为实现特定目标或提高表现的工具，涉及创造实现目标或成功执行任务的心理影像。简言之，二者在使用目的和执行方法上是有区别的。

如果我们从脑科学的角度去解释可视化练习为什么会帮助我们达成目标，目前主流的解释大概有三个原因：第一个原因是从功能相等的角度去解释。因为在进行可视化练习的时候，可以激发在遇到真实事件时脑部相对应的区域，而可视化练习的内容越接近真实会发生的情况，功能相等的程度就会越高。第二个原因是生理信息论。可视化练习中看到的场景是一连串有组织性的前导影像，这些影像都储存在了我们的长时记忆里。当进行练习的时候，这些影像激发了真实事件里需要的激发因子与反应因子，帮助我们更好地实现内心的想法。从这个角度出发，有时候可视化练习需要激发相对应的反应因子，让它们可以被改变、调整、增强等，类似于心理学中常说的设置一个心锚。比如，我们可视化了篮球比赛夺冠的场景，可能的激发因子为观众的呼喊声、啦啦队的歌声等，而反应因子为呼吸加快、投篮时肌肉的收缩、看到球被投进篮框时的激动心情等。在意象脚本中，加入这些因子会让意象比较真实。在真实场景中遇到类似的激发因子可以让我们更好地发挥水平。

第三个原因则和我们大脑中的镜像神经元有关。发表在《人类神经科学前沿》杂志上的一篇研究，汇集了认知神经科学、实验神经心理学、运动与运动科学、临床神经心理学和临床神经学在内的一系列学科，意图阐明可视化练习所涉及的潜在神经机制，最后结论认为可视化练习很可能跟我们大脑里最原始的学习机制——也就是专门管理我们模仿行为的镜像神经元有关。模仿是学习的关键。婴儿看到别人说话时，镜像神经元便会启动，借由模仿并让相关细胞活化，慢慢就学会说话了。我们平时看到别人打哈欠，自己会觉得犯困也跟着打起哈欠来，也是镜像神经元的作用。因为可视化练习能活化与实际训练时一样的神经回路，不断地进行可视化练习，可以使神经回路变得更大更宽阔，更快更有效的神经回路会促使我们对某个动作更加熟练。由此，通过想象自己正在进行的练习场景，确实能够持续精进技巧。

目前可视化练习在体育界也得到了广泛的应用。韦恩州立大学曾做过一项研究，为了评估可视化练习对运动员技能表现的影响，研究者克拉克（L.Verdelle Clark）将 144 名高中生随机分成两组参加篮球罚球活动，一组被要求每天做实际热身罚球 5 次和正式罚球 20 次；另一组则被要求通过想象练习相同数量的罚球。研究者在第一天和第十四天分别测试了两组球员，发现这两组当中中级和精熟等级的球员进步程度差不多。于是他得出了一个结论，在提升罚球技能表现上，意象训练几乎与实际训练有同等的效果。

我自己其实也是可视化练习的巨大受益者。在我的两个孩子还小的时候，由于没有父母在身边帮忙，我不得不一边工作一边带娃，如果恰逢孩子生病或者我需要赶项目进度，那么就会经历无数次的身心俱疲。但是自从我把可视化练习运用到我的生活中之后，我的整个世界都发生了天翻地覆的变化，甚至我的性格都发生了改变。以前我的性格很急躁，现在反而平和冷静了很多，而且我对于别人的评价也没有那么在意了，我不再内耗，生活也越来越舒心了。所以我个人非常推崇可视化练习，它对我和我身边的人都很有效。可视化练习非常简单，像呼吸一样。

下面我们一起来进行可视化练习。我们可以分两步走。如果你从来没有进行过可视化练习，或者你觉得脑海中浮现不出任何东西，那么可以先进行第一步练习，我们称之为橘子练习。这个练习的提出者是英国班戈大学的教授尼克拉·卡罗（Nichola Callow）。橘子练习共有七个步骤，需要的道具是一个橘子。

第一步，拿起一个橘子，仔细观察，包括它的颜色、形状、质地，留意它的外皮上有没有什么特殊的地方，如果有叶子，也需要一并观察叶子的形状和颜色。

第二步，用你的手指触摸并感受橘子皮，感受橘子此刻在你手中的触感，同时注意它闻起来是什么味道。

第三步，开始剥橘子皮，感受橘子皮被指甲挑起的感觉，感受你手中的橘子触感的变化。

第四步，继续剥橘子皮，并时刻感受橘子散发出来的味道，直到整个橘子被剥完皮。此时，再一次仔细观察橘子的颜色、形状和质地。

第五步，感受因剥橘子皮而导致些许橘子汁留在手上的感觉，你可以搓一搓手指，去感受汁液的质地，并仔细地闻一闻橘子汁的气味。

第六步，开始吃橘子，并感受橘子在嘴巴里的感觉，包括咀嚼的感觉和咬碎吞下去的感觉。留意当你咬开橘子时那股清爽的味道。

第七步，当你完成了这些步骤之后，请闭上眼睛，在你的脑海里重复这七个步骤，用你的意念去吃一个橘子。

对于初学者来说，橘子练习是个很好的方法，可以帮助我们一步步从通过观察到脱离实物在脑海中构造一个意象。

当你可以不再需要去观察，可以随时随地、随心所欲地用意念吃到一个橘子的时候，就可以开始进行第二步练习了。这个练习也是我每天都会做的，只需要 10 分钟就够了。进行这个练习的时候，没有太多限制，只需要找一个不被打扰的地方安静地坐下来，再播放一段你喜欢的音乐。即便被人打断了也不要紧，重来就可以了。步骤一共有两个。

第一步，播放你喜欢的音乐，安静地坐下来。

然后在你的记忆里寻找一段让你最感动、最感恩的往事。你可以以第三人称视角，再一次回到那个场景。在进行这个步骤的时候，你需要注意的是，找到那些最让你感动的细节，并真正地再次看到那个画面，比如你第一次拥抱和亲吻你喜欢的人，你抱住他时的心情和感觉；再比如你的宝宝刚出生时，小小的他躺在你的胸口，你能感受到他的心跳；再比如你每天辛勤奔波，完全忘了自己的生日，却在生日当天加班到深夜回到家的时候，看到桌上有人给你做了一碗热气腾腾的长寿面。去感受当你再次回到那些场景，看到那些细节片段时，内心的强烈震动。

第二步，把第三人称视角调整为第一人称视角，把时间往后拨动。带着刚才的感恩，去想象未来 10 年后你的生活是怎样的。同样，要尽量在脑海中勾勒一些细节。你会穿着怎样的衣服，衣服和你的皮肤接触会带来怎样的触感。你会在哪里工作，工作环境是怎样的，办公室的窗外有什么。回到家里，你的家是怎样的，你期待的生活又是怎样的。当你在过着你梦想中的生活时，你的感受如何。当你真的融入以上情景当中时，你可能会流下眼泪。最后，你可以把双手合十，放在心脏的位置，去感受你心脏的跳动，感受你内在的强大力量。这个练习到此就全部完成了。

建议你把可视化练习纳入一天的日程中。进行可视化练习比较好的时间段是早上起床后和晚上临睡前。晨间的练习可以帮助我们唤醒能量，并调整为积极正向的状态，迎接崭新的一天。晚间的练习更像是总结和感恩，让我们可以放下当天所遇到的不开心和不顺利，怀抱着美好正向的能量入睡，帮助我们睡得更好更香。

愿可视化练习可以为你所用，助你打开大脑的能量通道。

第四章

情绪能量——万事万物皆可赋能

4.1　所谓情绪平衡不是一直保持积极

你曾经有过负面情绪吗？比如焦虑、恐惧、抑郁……

当这些负面情绪袭来的时候，你的内心会产生怎样的想法？消灭它们，摆脱它们，还是远远地避开它们？

当我们谈及情绪平衡的时候，很多人会陷入一个误区。我们通常认为，情绪平衡就是完全不会被负面情绪困扰，每一分每一秒都能保持着高能的积极状态。

但遗憾的是，这几乎是不可能达到的，甚至是反人性的。

因为我们生来就会有正面情绪和负面情绪，这并不是什么令人羞耻的事情。在前面的章节里，我们提到了能量的概念，提到了振动。人类的情绪其实也同样符合能量的概念和振动的规律。所以要明白，即便现在我们的情绪状态是消极的、负面的、让人备受折磨的，但是它一定会走出低谷，然后再走向积极正向的那一面。所有的挫折都是暂时的，越是触底的消极情绪状态，越容易让我们获得更强大的势能，让我们回归正向。

所以在追求情绪平衡的时候，我们的目标不是让消极情绪归零，而是让消极情绪和积极情绪达到一个黄金比例。北卡罗来纳大学教授芭芭拉·弗雷德里克森（Barbara Lee Fredrickson）提出：一个人积极向上的情绪平衡状态应该由积极情绪和消极情绪共同组成，二者的比例大致是 3:1。也就是说，在一天的时间里，只要你的积极情绪达到了 18 个小时，你完全可以允许自己有 6 个小时的不开心时间。

在我 27 岁初为人母的时候，我也陷入了情绪平衡的陷阱。当时我为了照顾孩子，夜不能寐，白天还得照常工作。这种状态持续了一段时间之后，我开始变得脾气暴躁，常常对着身边的人怒吼。每晚临睡前复盘的时候，我会特别痛恨自己白天的情绪失常。那时候的我执着地认为，拥有负面情绪是一件糟糕的事情，我为自己的喜怒无常感到羞耻。直到后来，我才渐渐想明白，很多时候我们对于事物的感知是需要参照物的。没有漫长冬日的寒风凛冽，我们不会感觉到温暖春日的天暖气清。没有白天闹市的喧嚣车流，我们不会领悟到夜深人静的舒心美妙。同理，没有负面情绪的对比，我们也不会意识到当我们拥有积极情绪的时候，我们是多么热情四溢、心情舒畅。所以，负面情绪并非一无是处，它的存在是有着非凡意义的。

你会发现，有的人生来会更敏感，容易感时花溅泪；而有的人情绪相对稳定，偶有波动也会比较温和。这种性格差异很多时候是由大脑的偏侧化导致的，也是每个人与生俱来的。

简单来说，大脑偏侧化是指我们的某些认知功能是由单侧半脑主导的。比如左脑主要负责语言、阅读、书写、数学运算和逻辑推理等，右脑主要负责知觉物体的空间关系、情绪、艺术欣赏等。科学研究发现，右脑在情感表达中占主导地位，左脑在逻辑思维中占主导地位。右脑主导消极情绪，而左脑主导积极情绪。我们不妨做一个小实验，当你去回忆一段情绪消极的往事时，你的眼球是不是会不自觉地往左边移动？那是因为一个人在回忆情绪消极的往事时，右脑正在积极工作，所以视线就会往左移动。

大脑偏侧化也与性别有关。科学研究发现，当接触不愉快的图像时，女性的右脑活动比男性更明显，而男性在观看令人愉快的图像时表现出更多的双侧活动。

所以，如果你是一个很容易情绪焦虑的人，很有可能只是因为你的右脑比较发达，而非代表你意志薄弱。

现在，你已经明白了什么是情绪平衡。积极情绪自然是好的，是我们都想要拥有的，但负面消极的情绪也是我们生活中不可或缺的一部分。更多的时候，我们不可避免地会遇到情绪的低谷，会遭遇不好的心情。这时候，有一项能力就显得至关重要，那就是情绪调节能力。

"情绪调节"一词首先是在发展心理学领域作为单独的概念出现的，后来逐步发展到成人心理学领域，从20世纪80年代开始成为心理学中一个相对独立的研究领域，也逐渐受到越来越多的心理学家的重视。斯坦福大学的情感研究员詹姆斯·格罗斯（James Gross）认为，情绪调节是指我们控制自己产生何种情绪、何时产生情绪、体验到的情绪强度以及如何表达情绪的策略。情绪调节不仅与心理健康相关，而且有效的情绪调节对于构建社会关系起着至关重要的作用。

格罗斯还提出了情绪调节的过程模型，他将情绪调节的过程分为5个部分：情景选择、情景修正、注意分配、认知改变和反应调整。我们可以举一个简单的例子来说明这个过程。你被邀请参加同事的婚礼，但是婚礼上你刚刚分手的前任将会和他的新对象一同前来。这对你来说无疑是个有点尴尬的场景。你选择去还是不去呢？这个同事在公司是位非常重要的人物，如果不去，将会对你的职场人际关系造成影响，所以你不得不去。这时候，你就需要通过情景修正来让自己的情绪保持良好状态。比如到了现场，你可以假装没看到前任，或者避免与对方打照面说话。与此同时，你还可以重新分配你的注意力。比如此刻你还是单身状态，现场也有很多独自前来的人士，你可以留意一下有没有发展新恋情的可能。当然，你也可以选择将注意力放在和熟人聊天喝酒上。这时，前任突然拉着他的新对象来和你打招呼。你原本感到愤怒和嫉妒，谁知前任的态度非常好，向你表达了感激和歉意，你突然就释怀了，觉得终于可以放下心里的不快，尝试重新和他做回朋友。至此，你的认知也发生了改变。最后的结果是你可以和前任愉快地聊天吃饭了。

这就是情绪调节的整个过程。你可能也发现了，良好的情绪调节能力可以为我们消除生活中很多的痛苦和不愉快，让我们收获更好的人际关系。这也是为什么情绪调节能力变得越来越重要。也许你会好奇，我们怎样才能知道自己的情绪调节能力如何呢？方法有很多，比如可以通过测试问卷的方式。格罗斯等人于 2003 年编制了一份情绪调节问卷。该问卷主要用于测量个体使用认知重评和表达抑制这两种情绪调节策略的频率，这是人们在现实生活中最为常用的两种情绪调节策略。

认知重评属于先行关注的情绪调节策略，它主要指的是对认知的改变，可以有意识地从不同的角度去观察一个情绪事件，重新解释这个事件的含义，从而改变其对情绪的影响。认知重评能够让我们以一种积极的方式重构情绪事件，可以有效地提高人的心理健康水平；表达抑制属于反应关注的情绪调节策略，是反应调整的一种，一般发生在情绪产生的晚期，指对可能将要发生或正在发生的情绪表达进行抑制，从而降低主观情绪体验。

情绪调节问卷由 10 个题项构成，具体如下：

（1）当我想感受一些积极的情绪（如快乐或高兴）时，我会改变自己思考问题的角度。

（2）我不会表露自己的情绪。

（3）当我想少感受一些消极的情绪（如悲伤或愤怒）时，我会改变自己思考问题的角度。

（4）当感受到积极情绪时，我会很小心地不让它们表露出来。

（5）在面对压力情境时，我会使自己以一种有助于保持平静的方式考虑它。

（6）我控制自己情绪的方式是不表达它们。

（7）当我想多感受一些积极的情绪时，我会改变自己对情境的考虑方式。

（8）我会通过改变对情境的考虑方式来控制自己的情绪。

（9）当感受到消极的情绪时，我确定不会表露它们。

（10）当我想少感受一些消极的情绪时，我会改变自己对情境的考虑方式。

计分规则如下：每个题项采用7点计分，1分代表非常不赞成，7分代表非常赞成。其中第1、3、5、7、8、10题项属于认知重评维度，第2、4、6、9题项属于表达抑制维度。得分越高，表明个体使用情绪调节策略的频率就越高；两个维度中，哪个维度的题项平均得分更高，表明个体使用哪种情绪调节策略的频率就更高。

那你可能要问，我即便知道了自己的情绪调节能力如何，但是当负面情绪来临时，依然痛苦不堪，彻夜难眠，人生仿佛失去了意义，这时该怎么办？在谈具体的对策前，我们需要明白什么是真正的消极情绪，什么是真正带给我们痛苦的东西。

先给大家讲一个小故事。安妮的母亲因病去世，得知消息的安妮非常伤心，整日以泪洗面。她每晚都睡不着，想起自己和母亲的种种过往，越想越后悔自己没有听母亲的话，找一份稳定的工作，到现在快四十岁了，还没有固定的收入来源。安妮想，母亲去世前一定还在挂念着我吧？我真是一个既失败又无能的人！于是安妮由失去母亲的痛苦，转而变成深深的自责，每天都在自我怀疑和自我厌弃中度过，很快便身患疾病。

故事中，安妮经历的有两种痛苦，也就是接纳与承诺疗法（Acceptance and Commitment Therapy，简称ACT）中所提出的干净的痛苦和肮脏的痛苦。干净的痛苦一般指的是原生的痛苦，比如生离死别、身体疼痛或者我们面对自己的失误时内心所产生的一种不适。肮脏的痛苦则是干净的痛苦的衍生品，是由原生的痛苦所产生的负面想法，让我们转而去责怪自己或者责怪他人，它让我们暂时忘却那些干净的痛苦，转而投入到肮脏的痛苦中。

所以当痛苦向我们发起攻击的时候，最初它本是一个单纯的痛苦，但我们往往会不自觉地进行加工，从而造成二次伤害。我们进行加工的方式通常有三种：否认、逃避、控制。

否认是一种最常见的心理防御机制。当期待发生的事情没有实现，或者与自身的世界观发生冲突的时候，我们通常会自然而然地开始否认事实，以逃避那些痛苦。比如当我们相处多年的伴侣有了外遇的时候，当我们被上司告知跟进了许久、花费了很多心力的项目要被取消的时候，我们脱口而出的第一句话都是"不可能！"。但是否认只是一种暂时的应激反应，无论我们多么难以接受，最后还是要直面那些已然发生的事实。

逃避则像是我们为了不去看到那些痛苦，而对自己撒的谎。比如青春期的孩子在和父母发生争执的时候，有时候会选择离家出走，仿佛离开了让他觉得压抑的家庭，内心的痛苦就会消失。然而，他总会走着走着就打道回府，因为逃得了一时，却逃不了亲情血脉的牵绊。那些争执总是要一遍遍重复，一次次面对。

控制是我们想要从无法控制的事实里获得确定感而寻

求的慰藉。但讽刺的是，有时候我们越想控制自己的消极情绪，让自己不要害怕、不要焦虑、不要担心，结果却事与愿违，我们非但不能平静下来，反而变得更加害怕、更加焦虑、更加担心。这是为什么呢？

关于这个问题，著名语言学家、认知语言学的创始人之一乔治·拉科夫（George Lakoff）在加利福尼亚大学伯克利分校任教的时候，曾经做过一个有趣的实验。他要求学生练习不要去想蓝色的大象，结果没有一个学生能够战胜这个挑战。因为一提到"大象"，我们脑中的既定框架就被唤醒了。即便告诉你"不要"，你也会无视否定词，陷进"大象"的框架里。认知语言学告诉我们，世界上所有的语言和文字都是按照相关的概念框架去定义的。当你一听到某个关键词，那些框架就会立即在你的脑中活动起来，即便你使用了否定词，也同样会触发那个框架，而且随着你不断进行否定刺激，那个框架反而会越来越稳固。这就是为什么你越想控制反而越不受控制。

那么，有没有一种更加有效的方式让我们面对这些消极情绪，消化这些负面能量呢？

答案是有的。你只需要做到两步：看到和接纳。

看到，指的是不去评价、不去批判，你甚至不需要做任何事情，就像照镜子一样，看到你内心的那些焦灼、迷茫、痛苦……你需要做的只是去看到你内心真实的反应、想法，去体会你此时此刻真实的感受就可以了。听起来似乎很简单，但如果你尝试去做，就会发现并不容易。因为很多时候，我们的大脑会急于对一件事情做一番评价，或者是下一个定论。我们往往被缜密的逻辑思考困住，急于得到问题的答案，而忽略了内在的提示，那就是——倾听我们身体的声音。

情绪本就是生物进化的产物，是对我们的身体最直接的反应的描述。因为恐惧，我们会想到去寻求安全的庇护；因为焦虑，我们会想到放松和休息。情绪其实是我们的身体发出的最直接的呐喊，让我们重新看到身体真正需要的是什么，重新建立起身体和情绪的连接。所以看到情绪，并不是让我们被情绪困住，而是看到情绪后面的那些真正的诉求。

只有当你看到了消极情绪背后所隐藏的含义，你才能做到第二步——接纳。

有人可能会问，接纳就是把负面情绪都吞下去、压下去吗？那你可能就曲解了接纳的深意。如果你只是把负面情绪吞下去、压下去，你依然会觉得不舒服，心情并没有平复，你不是在接纳，而是在忍受。当一个人在忍受的时候，他的内心是积压着怨愤的。这些怨愤终有一日将会爆发。

所谓接纳，就是看到焦虑也好，迷茫也好，愤怒也好，悲伤也好，不慌张，也不自责，只是非常坦然地承认自己那些消极情绪。但是这并不妨碍你爱自己，正是因为这些缺点、错误，甚至是负能量，你反而变得完整。换言之，正因为如此，你才是你。

《纽约时报》的畅销书作家克里斯·卡尔（Kris Carr）曾这样定义接纳："无条件的接纳并不意味着放弃、不作为，也不意味着一种被动的接受。接纳意味着去拥抱和爱着当下的自己，而不是执着于你'应该'成为的样子。"这个定义很好地表述了真正的接纳应有的姿态。

其实有时候，我们并不是不能接纳，而是我们太过焦急。时代发展迅猛，身边的一切都在不断变化，所以我们总是很着急，恨不得一个转身，那些困扰我们的负面情绪也好，让我们痛苦不堪的挫折也罢，都能够烟消云散。但有些事情是我们必须要经历的。如果我们可以报以耐心，就像把秋天的落叶堆积起来制作肥料一样，假以时日，那些落叶便会慢慢分解，最后成为滋养花草和土地的肥沃养料。那些困扰我们的负面情绪也是一样，最终都会成为我们重要的人生经历。

当你学会了接纳，下一个问题便是：你能多么接纳自己？

有人说这是灵魂拷问，几乎没有人能够百分百接纳自己。每个人都不是完美的，总能从自己身上挑出无数的瑕疵：胖了、瘦了、矮了，成绩不好、不专注，拖延、懒惰，处事消极、执行力差……当你发现了自己的这些不足之后，你会怎么做呢？你能否平静地看待自己的不完美之处，心态放松且淡然地对自己说：这样的我其实也不错。

4.2 压力：
妥善管理压力，创造巅峰表现

很多人对压力谈虎色变，仿佛它是个让人避之不及的怪兽。压力很多时候也成了我们的借口——每当睡眠不好、心情不好、工作效率低下时，我们都可以用一句"最近压力太大"来进行推脱。然而，其实大部分人并没有理解压力到底是什么。哈佛大学心理学家杰罗姆·卡根（Jerome Kagan）提出压力这个词被滥用，以至于丧失了其原本的意义。那么，就让我们回到最初，从起点望向未来。

压力最初是一个物理学概念，指的是垂直作用于物体表面上的力，这种力的作用可以使物体发生形变。1932年，美国生理学家沃尔特·B. 坎农（Walter B.Cannon）

第一次将压力引入生理学领域，将其定义为斗争和逃避综合征。1936 年，加拿大生理心理学家、压力理论之父汉斯·塞尔耶（Hans Selye）将压力引入医学领域，提出当生物受到持续的不愉快的刺激时，就会分泌出一种荷尔蒙，即我们所说的压力荷尔蒙。他还提出了压力之下所产生的一般适应综合征（General Adaptation Syndrome，简称 GAS）。通过对老鼠的实验，他发现 GAS 会经过三个阶段：警觉、抵抗和衰竭。警觉与大脑中杏仁核所引发的战斗或逃跑反应相对应；如果一个人反复处于较高的压力激素水平，抵抗会一直持续；如果压力持续太久，就会出现疲惫，使症状复发。该综合征的主要特征是免疫系统受到抑制，胃和小肠黏膜出现溃疡。这些特征在我们压力很大的时候也会出现，比如压力很大的时候人很容易生病，而有些人在压力大的时候会有肠胃不适的反应。

然而，压力对身体造成的损伤可不只是肠胃不适这么简单。日本脑科学家有田秀穗表示，压力对大脑和身体的损伤有两条路径：一条是从丘脑下部通往下垂体，在这个过程中，大量肾上腺皮质的荷尔蒙会得到释放，从而引发高血压和糖尿病，甚至是骨质疏松等疾病，因此这条路径被称为身体性压力路径。另一条路径则是从丘脑下部通往脑干中缝核，这里有血清素能神经。当压力信息到达这里，则会减弱血清素能神经所起的作用，压力会影响精神，就会引发抑郁症和恐慌症。所以这一条路径被称为精神性压力路径。

这些身体上的不适很容易让我们产生一种错觉，即压力是作用在身体上的，或者说压力是身体的一种感知。事实却是压力起源于我们的大脑，准确地说，是血清素在起作用。当压力信息从丘脑下部传达到中缝核，就减弱了血清素所起的作用，人们便产生了抑郁和恐慌的情绪。通常来说，我们更容易在夜晚情绪崩溃。这是因为遭受了一整天来自不同人的压力后，人体的血清素功能逐渐衰弱，当血清素无法再忍受压力时，便会败下阵来，从而产生情绪崩溃和情绪失控。

尽管如此，如果我们只看到压力消极的一面，可能会错过它成就我们的绝佳机会。心理学上有一个著名的倒 U 形假说，是 1908 年美国心理学家罗伯特·叶克斯（Robert M.Yerkes）与约翰·杜德逊（John Dillingham Dodson）经实验研究归纳出的一种法则，用来解释心理压力、工作难度与工作业绩三者之间的关系。通过对老鼠的研究，他们意外地发现工作压力（动机强度）与工作效率之间并不是线性关系，而是倒 U 形的曲线关系。适度的压力能够使人的表现达到最佳水平，过小或过大的压力都会使工作效率变低。具体说来，当压力处于适宜强度时，工作效率和表现都是最佳的；如果压力强度过低，缺乏参与活动的积极性，工作效率不可能提高，表现也会平平；如果压力强度过高，工作效率会随压力强度增加而不断下降，人将会处于过度焦虑和紧张的状态，进而干扰记忆、思维等正常活动。

倒 U 形假说也被称为"贝克尔境界"，这个词源自世界网坛名将贝克尔，人们发现他之所以被称为"常胜将军"，立于不败之地，秘诀就是他在比赛中总保持着半兴奋的状态。所以人们后来用"贝克尔境界"描述当一个人处于轻度兴奋状态时，能把工作做得最好。当一个人完全不兴奋时，也就没有做好工作的动力了；而当一个人处于极度兴奋时，随之而来的压力可能会使他无法完成工作。

这很像发豆芽的过程。有一天我突发奇想，买了很多绿豆想要发豆芽。我询问了很多种菜专家，得到的一致答案是：把豆芽放在湿布上，上面再压上一块石头。如果没有石头的压力，豆芽就会长得又长又细，味道也不好。唯有在石头的压力之下，豆芽才会长得又白又胖，鲜美可口。人生又何尝不是如此呢？这不禁让我想到在职场打拼的时候，我带领着销售团队冲刺目标。如果我定的目标和公司定的一样，团队每次完成的情况差不多就是刚刚过线。如果我定的目标是公司要求的两倍，最初大家都会抱怨，觉得不合理，不可能完成。奇怪的是，每次月底进行业绩总结的时候，却发现几乎人人都可以完成。所以，人的潜能真的是有着无限可能。这也很好地解释为什么有那么多的人生逆袭，那么多的传奇成就都和逆境结伴而行。

所以说压力也有着非常重要的积极作用。这也是为什么心理学家喜欢将压力分为良性压力和恶性压力。良性压力是有益的压力，可以激励和鼓舞人心，帮助我们实现目标或取得重要成就，带给我们愉悦的感觉。当我们遇到促使我们以某种方式成长和发展的挑战时，就会出现良性压力。这些挑战包括在工作中承担新责任、学习新技能、开始锻炼或做出积极的改变以改善我们的生活。在感受到良性压力的时候，我们的脉搏加快、心跳加速、荷尔蒙激增。比如我在养成每天锻炼的习惯之前，每次想到马上要去运动了，都会感到压力，担心自己不能坚持，担心坚持了也没有效果之类的。但是当完成了当天计划的时候，那种成就感会让我感觉极好。

你可能会觉得奇怪，明明是压力，为什么会让我们产生极好的感觉？这里就不得不提到多巴胺这个神经递质。多巴胺的分泌有一个非常核心的特征，叫作奖赏误差效应，也就是说决定奖赏程度的并不是行为收益本身，而是预期的收益跟实际的收益之差。放到我锻炼的例子里，让我感觉极好的并不是我完成了锻炼这件事，而是我预期不能完成和我实际完成所产生的差值。当我在开始运动前，我感到了压力，我对未来存在一个悲观的预期，假定其收益为-5。可是最终我完成了，带来了+5的收益。这个收益差值就是10，因此我会产生更强的愉悦感。良性压力的作用就是制造波澜，创造差值。相比于波澜不惊的生活，良性压力能为我们制造出意想不到的惊喜。因为应对压力本身就是一种很好的大脑锻炼。

与良性压力相对的就是恶性压力了。前文提到的那些带给我们伤害的压力，基本都是恶性压力。恶性压力，顾名思义，就是一种负面的压力，会对个人的身心健康产生不利影响。恶性压力有一个特征，即慢性且持久。这种慢性压力给我们带来的损伤是巨大的。

所幸人体本身自带自我保护的武器，可以抵挡恶性压力带给我们的影响和伤害。武器之一是血清素。血清素是一种神经递质，主要由大脑、肠道分泌，它在人体内扮演着调节情绪、睡眠、食欲和压力等方面的重要角色。它的作用非常多，简单来说有五个：第一个作用是让我们保持冷静。通过调节大脑皮质的活动，血清素能够带来脑部理想的清醒状态，帮助我们维持一种清爽畅快的感觉。第二个作用是让我们保持一颗平常心。尤其在压力状态之下，血清素可以很好地控制我们的情绪波动幅度，预防因去甲肾上腺素与多巴胺神经系统的作用而造成的过度兴奋。同时，血清素能令我们保持适度的紧张感，处于能够发挥个人能力最大限度的心理状态。第三个作用是控制我们的自律神经。自律神经是指它独立自主而无法用人体自己的意志去控制的神经，又分为交感及副交感神经两大系统。血清素能够适度地刺激与日常活动相关的交感神经，通过控制自律神经，让我们日间的各项活动能够顺利进行。第四个作用是可以减轻疼痛。你可能不曾想到，疼痛也是因大脑作用而感觉到的一种身体压力。血清素有抑制神经系统传导疼痛的作用。虽然它不能消除疼痛，但可以使身体较难感受到疼痛，从而感到轻松。第五个作用是让我们保持良好的体态和仪表。没错，血清素可以让我们变得更好看。听起来似乎有些夸大其词，但事实是，为了保持良好的体态和仪表，我们需要和重力作斗争，比如皱纹的产生就和重力有着很大的关系。如果抗重力肌无力，无法有效对抗重力，导致皮肤和肌肉松弛，皱纹自然就会产生。同理，如果肌肉无力，我们的体态也会改变，比如含胸驼背。血清素能够直接刺激与此种抗重力肌相连的运动神经，帮助我们维持良好体态。这也是血清素神奇的地方，它不仅能提升我们的抗压性，还能提升我们的生活品质。

血清素本身并不会直接受到压力的影响，它会按照固定的路径传送脉冲。这种固定的路径就是在睡眠和清醒之间的循环。血清素在大脑清醒的时候，以每秒 2~3 次的频率持续不断地释放神经脉冲。当人进入睡眠状态后，释放频率就会放慢。而一旦进入深度睡眠，血清素几乎不再释放神经脉冲。一直等到早上大脑清醒后，血清素又恢复了每秒 2~3 次的释放频率。所以，如果每天早上你醒来的时候感到神清气爽，说明你的血清素非常活跃。如果压力过大，血清素的功能就会降低，逐渐演变成脑内血清素慢性不足量的状况，脑部的整体活动也会随之低落和迟缓，最终可能导致抑郁症的发生。

既然血清素如此重要，激活它自然刻不容缓。一般来说，我们只需要持续激活血清素三个月，就能够感受到变化的发生；持续六个月，就能感受到非常显著的效果。激活的方法很简单，其中有两个非常便捷的方法：一个是晒太阳，另一个是运动。

晒太阳时，阳光透过视网膜传达到位于脑部深处的视交叉上核，协助我们调节自身的生物钟。具体的原理在第二章已介绍过。此外，视交叉上核还能启动自律神经的运作。白天时，交感神经占主导地位，身体处于兴奋状态，我们会充满活力；夜间则由副交感神经占主导地位，身体处于休眠状态，引导我们进入睡眠。这也解释了为什么很多患有抑郁症的人会出现严重的睡眠问题，因为他们的交感神经始终是兴奋的，副交感神经系统无法工作，所以他们就会处于一个持续压力的状态，最终导致精神崩溃。

由眼睛向脑部传递日照信息的路径还有另外两种——血清素和褪黑素。阳光充足时晒太阳，人体内血清素的含量会增加，这是因为明亮的光线可以抑制细胞对血清素的回收，将体内的血清素维持在较高水平。充足的光线还能降低体内压力激素——皮质醇的水平，所以沐浴在阳光下可以让人感到轻松自在。在前面的章节里，我们提到过通过晒太阳来调节睡眠的小练习，其原理便是利用了光线对于血清素和褪黑素的调节作用。褪黑素是调节生物钟的激素，由脑内的松果体分泌。明亮的光线会抑制它的分泌，让人保持精神抖擞。到了傍晚，光线暗淡，褪黑素的分泌增加，促使我们感到困倦并进入睡眠状态。白天血清素的分泌增加，也会为夜间褪黑素的分泌备下足够的原料，让我们白天精力好，晚上睡得甜。相反，如果我们长期在昏暗的环境中工作学习，没有接触足够的光线，就会导致血清素储备不足，褪黑素会收到错误的信号提前分泌，等到了晚上真正需要它来维持睡眠的时候，反而不够用了，这也是白天瞌睡不已，晚上难以入眠的原因。

激活血清素的另一个方法是运动，效果比较好的是韵律运动。韵律运动是指按照一定的节奏、有力且协调地重复进行的运动。我们的呼吸就属于韵律运动。此外，慢跑、骑车、游泳也都是非常好的韵律运动。在做韵律运动时，应该采用腹式呼吸法。据脑波测评显示，在进行腹式呼吸时，脑波会从代表焦躁不安的 β 波明显变为代表专注放松的 α 波。且进行腹式呼吸时，人容易产生放松舒适的感觉，这时血清素就会大量分泌。

我们可以按照以下 6 个步骤来进行腹式呼吸练习。

1.深深地吸气，从腹部平坦状态开始吸气，让腹部胀起来。

2.吐气，让腹部变小，用 30 秒的时间慢慢吐完气，直到不能再吐为止。

3.重复以上动作若干次，让身体熟悉这个节奏。

4.把意识放到腹部，吐气的时候从 1 数到 8。

5.重新吸气，让腹部膨胀，吸气的时候从 1 数到 4。

6.重复以上动作若干次。

如果时间和条件允许的话，也可以采用腹式呼吸和散步相结合的方式。先进行 3~5 分钟的腹式呼吸，然后散步 10 分钟，再进行腹式呼吸，两者交替。

在做以上练习时，你唯一需要做的就是坚持。练习的时间建议选择早上，散步的时间以 30 分钟以内为最佳，这个时长足以激活大脑中的血清素神经，使血清素分泌增加。如果时间太久，人感到劳累，就会影响血清素的分泌。

武器之二是流泪。我们从小被教育"男儿有泪不轻弹"，这让很多人觉得流泪是弱者的表现。殊不知流泪有着极其重要的作用。

有田秀穗将眼泪分为三种：第一种是基础分泌的眼泪，指为了保证我们的眼睛润滑而流出的眼泪。第二种是反射性眼泪，指当异物入眼或者眼部受到刺激时流出的眼泪。比如切洋葱的时候我们会流泪，一粒沙子进到眼睛里我们也会自然而然地流泪。第三种是动情之泪，指悲伤或感动时流出的眼泪。流出动情之泪是我们真正需要的，也是用来对抗压力的秘密武器。人类的泪腺是由副交感神经控制的，而压力往往使交感神经高度紧张。当我们流出动情之泪时，大脑会从交感神经占主导地位切换到副交感神经占主导地位的状态，交感神经系统得到了休息，压力就会消除。

　　流泪可以解压的另一个原因是它可以帮助身体排毒。人在悲伤时流出的眼泪中含有较高的蛋白质，这种蛋白质是由于精神压抑而产生的有害物质。美国明尼苏达大学的一项研究发现，因感动等情绪流出的动情之泪中含儿茶酚胺，这是一种大脑在情感压力下释放出的化学物质，过多的儿茶酚胺会引发心脑血管疾病，严重时甚至会导致心肌梗死。不过流泪的排毒作用仅限于流出动情之泪，基础分泌的眼泪和反射性眼泪都无法帮助我们的身体排毒。科学家曾做过一个有趣的实验，首先让一批受试者观看动人的情感电影，如果被感动哭了，就将泪水滴进试管。几天后，再用切洋葱的方法让同一批受试者流下眼泪，并将其收集进试管里。结果显示，动情之泪和反射性眼泪的成分大不相同，反射性眼泪中完全检查不出儿茶酚胺的含量。[1]

除此之外，流泪还可以参与大脑的重塑。当我们流出动情之泪时，大脑内侧前运动区的血流会增加。大脑内侧前运动区是一个非常重要的部位。1996 年，意大利帕尔玛大学的神经生理学家贾科莫·里佐拉蒂（Giacomo Rizzolatti）和同事们发现，恒河猴的大脑前运动区 F5 区域的神经元不但在它自己做出动作时兴奋，而且看到别的猴子或人类做出相似动作时也会兴奋。于是他们把这类神经元命名为镜像神经元。1998 年，里佐拉蒂发现人类的大脑中也有镜像神经元，而且有一部分存在于大脑的布洛卡区。[2]

镜像神经元不仅让人类学会了模仿，更重要的是，它与同理心紧密相关。换言之，你看到别人流泪也会觉得难过，看到小宝宝微笑也忍不住想要跟着笑，甚至看到别人打哈欠也会觉得困倦，其实这都是镜像神经元在起作用。

1 William H. Frey. Crying: The Mystery of Tears [M]. Minneapolis: Winston Press, 1985.

2 Giacomo Rizzolatti, Luciano Fadiga, Vittorio Gallese, et al. Premotor cortex and the recognition of motor actions [J]. Cognitive Brain Research, 1996, 3（2）:131-141.

它能让我们在看到别人的情绪时产生共情，更好地理解他人的心理状态，这种同理心与共情是建立人际关系的重要基础。另外，它还让我们能够读懂别人的意图。镜像神经元与大脑中储存记忆的神经回路相似，也会为特定的行为编辑模板。这让我们在看到别人做出一些动作和行为时可以迅速理解他们的意图，而不需要复杂的推理过程。例如，当你看到一个人从座位上站起来的时候，镜像神经元所储存的模板就会告知你他是想走出屋子还是想走向你，这种功能可以帮助我们更准确、更快速地捕捉他人的想法，甚至做出行为预测。你越善于读懂别人，也就越善于了解自己，越善于掌控自己的情绪。

所以，当我们在感慨"笑一笑，十年少"的同时，也不该忽略了流泪带来的意义。当我们遇到困难鼓励自己笑一笑挺过去的时候，也要允许自己痛快地哭出来，宣泄内心的压抑。不过借助哭来解压，也是有技巧的。有田秀穗曾经给过一个非常实用的关于哭的建议。她认为，最好的频率是一周哭一次，如果你担心这样做会给周围的人带来压力，可以每周找个时间独自看一部让你感动的电影，时间最好选择在晚上。因为经历了一天各种各样的事情，到了晚上，人的压力会变大，所以晚上哭的效果会更好。此外，如果你遇到了真正被感动的事情时千万别忍着，让你的眼泪自然地流下来，这是非常难得的解压过程。

小时候，我和小朋友抢玩具被打哭了，一把鼻涕一把泪地回到家，爸爸对我说："希望你以后别再哭鼻子回来了，怪丢人的。"从那时候开始，我就暗地里下定决心："我不要丢人！"从此遇到任何事，我都会努力忍着不哭。这个习惯一直保持到我长大成人，我甚至一度忘了自己还会哭泣。直到有一年，我工作上的良师益友被迫离开公司，我们全组去给他送行，当时很多同事都哭了，舍不得他离开。我心里百感交集，有愤懑，有不舍，也有悲伤。但所有的情绪汇集到一起，就剩下一杯一杯不停地灌酒，想麻痹自己的神经。散场的时候，一个同事不放心，提出要送我回家。我当时摇摇晃晃地走在路上，晚风吹得我清醒了几分，但心里还是觉得堵得慌。我不停地对同事说领导明天就不在了，我们可以做些什么。这时，同事带着哭腔冲我喊了一句："你别这样！你是不是心里很难受？难受你就哭出来吧！"我一下子怔住了，突然意识到我还可以通过哭泣流泪来排解内心的痛苦。一瞬间，我的眼泪无声流下，情绪也慢慢平复了。那个晚上我一直在流泪，好像要把积压了多年的眼泪全都流出来一样。第二天，我觉得前所未有地畅快，带着足够多的勇气去迎接全新的挑战和生活。

你有多久没有好好哭一场了？

4.3　焦虑：
用一个三角形消灭焦虑

你焦虑过吗？

正如空气与阳光每日与我们相伴一样，焦虑如今也成了一个与现代人形影不离的存在。它，无处不在：当你全职在家照顾孩子的时候，当你在公司赶项目的时候，当你和伴侣发生争执的时候，当你被客户责难的时候，当你打开银行账户的时候……到处都有它的影子。

焦虑是人类普遍存在的一种情绪，它是我们面对潜在威胁时的生理和心理反应。这种威胁可能在现实生活中真实存在，也可能只是我们脑海中想象的场景。它既是自然的产物，也是文化的产物；既是一种心理现象，也是一种社会现象。

　　早在公元前 4 世纪，就有了关于焦虑症的记载。古希腊名医希波克拉底在他的医学著作中提到过一个案例，描述了一个名叫尼卡诺尔的男性患者。尼卡诺尔在酒会上对吹笛子的女孩十分恐惧，每当他听到笛声响起，恐惧的情绪就会快速涌上心头。这种情况通常发生在晚上，甚至到了他无法承受的程度，但在白天他几乎不受笛声的影响。这种症状持续了很长时间。希波克拉底将其称为病理性焦虑。他认为焦虑是一个纯粹的生物学和医学问题。"如果切开（患者的）头颅，你会发现（他的）大脑潮湿，充满汗液，散发出难闻的气味。"他认为人的身体状态和情绪状态取决于四种体液——血液、黏液、黄胆汁和黑胆汁在体内所占的比例。焦虑的产生正是因为黑胆汁突然流向大脑。尽管"气质体液说"已被巴甫洛夫的神经心理学证实并替代，但这一理论在当时奠定了焦虑症的精神药理学研究基础。

　　早期关于焦虑症的治疗方法常常涉及神秘的药物或仪式。直到公元 1 世纪，斯多葛学派的哲学家爱比克泰德提出了不同的观点。他认为，焦虑的根源并不在我们自己身上，而在于我们对现实的担忧。因此，缓解焦虑本质上是一个修正错误认识的过程。同为斯多葛学派哲学家的塞内卡也提出："警告我们的事物比伤害我们的事物更多，我们在忧虑中受到的伤害比在现实中受到的更多。"这一论断与2000多年后的认知行为疗法的说法几乎一致。

到了中世纪时期，人们对焦虑的理解又被打上了宗教的烙印。焦虑常常被解释为精神或道德上的失败，或被视为邪恶或恶魔的影响。英文中 Anxiety 一词源于拉丁语 Anxietas，指的是向上帝忏悔并获得原谅之后的释然。随着文艺复兴时期的到来，人们对焦虑的理解才开始科学化，哲学家和学者开始将焦虑视为心理现象而非仅仅是神秘现象。今天，对焦虑的研究已经成为心理学、神经科学和精神病学领域的重要研究方向之一。

由此可见，焦虑并不是一个突然出现的、现代人独有的问题，而是一个与人类的历史长期相伴的存在。换言之，无论你身处哪个时代，你都可能会焦虑。

那么，困扰人类如此之久的焦虑到底是什么，它究竟又是怎样产生的呢？以往的科学研究常常把焦虑和我们大脑中的一个特殊区域联系起来，即杏仁核。杏仁核位于大脑颞叶内，呈杏仁状。它可以接收有关恐惧刺激的信息，然后将这些信息传递至大脑其他区域以产生恐惧反应。但杏仁核产生的反应除了恐惧情绪，还涉及我们身体的许多机制，譬如抑制胃部活动、增加四肢的血流量、释放肾上腺素等。所有的这些都是一种防御性的动机状态，会促使我们准备采取自我保护的行动。这种防御性的动机状态正是产生焦虑的原因。

近年来，人们对于焦虑的认知产生了不一样的声音。纽约大学神经科学家约瑟夫·勒杜（Joseph LeDoux）基于 30 多年来对情绪大脑的科学研究，对焦虑的产生机制进行了不一样的探索，这些研究也被他写进著作《重新认识焦虑》里。勒杜认为，尽管杏仁核能探测并对危险做出反应，但它并非大脑的恐惧中心，因为它并不负责生成恐惧。有一项研究也论证了勒杜的观点，这项研究表明，虽然杏仁核受损会消除人们对威胁的反应，但并不能阻止人们感到恐惧。勒杜认为，恐惧和焦虑的主观体验是由主要涉及前额皮质的高阶大脑回路处理的。这些回路构成了注意力、工作记忆和决策等认知过程的基础。勒杜认为焦虑不是一个单一的情绪状态，而是由两个不同的过程组成的复杂现象。这两个过程分别是无意识的防御机制和有意识的情绪体验。无意识的防御机制也被称为生存回路，是大脑的一个基本功能，它能够让我们觉察到威胁性刺激并产生条件反射行为。这种机制是自动的，不需要我们有意识地思考或感受恐惧和焦虑。例如，当我们突然听到一个巨大的声响时，我们可能会本能地跳起来，这就是无意识的防御机制在起作用。而有意识的情绪体验则是一个更高层次的认知过程。当我们有意识地体验恐惧和焦虑时，会涉及大脑的高级认知功能，如专注、思考、想象和回忆。这种情绪体验是我们对威胁的有意识反应，它需要大脑对内部和外部事件进行表征，并且知道这些事件正在发生。勒杜强调，只有将这两个过程区分开，我们才能真正理解情绪运作的原理。他认为，传统的观点将这两个过程混为一谈，错误地认为威胁引发的行为出现就意味着恐惧和焦虑的体验出现。实际上，无意识的防御机制和有意识的情绪体验是两个独立的系统。焦虑的产生，特别是在现代社会中，往往与我们对潜在威胁的有意识评估有关。当我们面对不确定性，或者对未来可能发生的负面事件过度担忧时，就可能体验到焦虑。这种焦虑感受可能会影响我们的行为和决策，导致我们避免某些情境或者采取防御行动。

勒杜的这些观点为焦虑和恐惧障碍的心理治疗以及药物研发提供了新的启示。他认为，只有改变错误的认知观念，同时破坏无意识的防御机制，才能使焦虑治疗的效果更持久。这意味着，治疗焦虑不仅要关注有意识的情绪体验，也要考虑到无意识的防御机制，以及这两者之间的相互作用。

目前最常见的焦虑症包括广泛性焦虑症、恐慌症、社交焦虑症和特定恐惧症。强迫症和创伤后应激障碍虽然也有明显的焦虑成分，但是已经不再被归类为焦虑症。

广泛性焦虑症涉及生活的各个方面，例如工作、人际关系、身体状况等。一个人常常无缘无故地对许多事情持续过度担忧，不断感到危险或灾难即将来临，总是处于担心、紧张、恐惧和害怕的状态，这让他每天都感到紧张烦躁，无法集中注意力，因此经常感到筋疲力尽。如果一个人持续6个月都出现了这些情况，那么他很可能患有广泛性焦虑症。

恐慌症是一种突发性的、强烈的焦虑反应，引发的身体不适包括呼吸困难、头晕、出汗、颤抖、胸闷和心悸等。有些人可能会觉得自己被噎住或有心脏病发作的感觉。恐慌症的特点是反复的恐慌发作。比如有些人在拥挤的环境中就会惊恐发作，引发恐惧感和失去控制的感觉。

社交焦虑症也被称为社交恐惧症，指对社交和互动的强烈恐惧，在社交场合下，他们会感到一种强烈的、压倒性的恐惧，害怕被评判，感到尴尬或紧张。这种恐惧使他们回避社交活动或他们认为可能会被羞辱的公共场合，比如与陌生人交谈、公众演讲、参加聚会等。当然，很多人在一些公开场合展现自己时也会感到紧张，比如当我们被要求在百人会场上发言时，双手会不由自主地发抖，手心冒汗。这些都是正常的。对社交焦虑症人群来说，他们会感到这种压力无法承受，因此会最大限度地避免社交。

特定恐惧症是对特定物品或情况感到非理性恐惧。如恐高，恐惧昆虫，对幽闭的空间或对飞行感到恐惧。患有特定恐惧症的人虽然也意识到他们的恐惧是过度的或不合理的，但却无法克服它。

如果你发现自己具有以上所提到的一种或多种情况，也不必害怕。正如我们在一开始提到的，焦虑是人类进化的产物，几乎每个人都多多少少地经历过或正在经历着焦虑。只要选对了方法，是可以改变焦虑状况的。

暴露疗法是焦虑症治疗中较为常见且相对有效的方法。其基本原理是让患者直面令其恐惧的事物或情境。当患者经历暴露之后却发现并没有产生糟糕的后果，经过反复暴露，恐惧就会越来越少。勒杜指出，超过 70% 的患者或多或少都能从暴露疗法中获益。

　　我本人也是暴露疗法的获益者之一。我曾因为一次攀高发生意外，导致我产生了对于高度的特定恐惧。最严重的时候，我踩着凳子去够高处的东西都会心悸、胸闷、呼吸困难，更不要提爬高楼大厦和爬山了。我虽然知道这种恐惧来得很无厘头，也做了无数次的心理暗示，告诉自己一切安全，但都无济于事。终于有一天，这样的焦虑严重影响了我的生活，让我忍无可忍。于是，我做了一个大胆的决定——去飞行学校学习开飞机。第一次坐在飞机驾驶舱内，我拉起操纵杆，飞机腾空而起，我本能地闭上眼睛，感觉心脏都要从嗓子眼儿跳出来了，才几分钟我就已经汗流浃背，感觉自己快要晕倒了。教练一直在旁边耐心地鼓励我，引导我深呼吸，并让我尝试着睁开眼睛看一看。他的声音很温和，我却吓得快要哭了。经过十多分钟的拉锯，我终于鼓足勇气睁开了眼睛。然后我看到了这一生中最难忘的画面：飞机在低空飞行，我们的下方是大片深浅不一的绿色田地，丝绸般的流云在我们四周流淌，远处的夕阳将天空晕染成绚烂瑰丽的颜色——那个瞬间，我忘记了恐惧，只觉得美不胜收。就这样，经过飞行练习，我终于不再恐高了。

　　但是，我个人成功的脱敏案例并不代表暴露疗法适合每一个人。因为暴露疗法也有它本身的问题。比如疗愈之后，从前的焦虑和恐惧有时候依然会毫无征兆地出现。其中一个可能的原因是焦虑症影响记忆力。当我们产生了恐惧和焦虑，然后通过暴露疗法让自己不再恐惧，事实上这个过程并不是通过擦除对最初恐惧的记忆的方式来实现的，而更像是创造了另外一个良好的记忆，从而将之前的记忆抑制。就像是给一幅可怕的画蒙上了美丽的面纱，一旦面纱被吹落，可怕的画面还是会显露出来。因为恐惧和焦虑很多时候是深深地埋藏在我们的潜意识里的。它们在我们的显意识之外发生，却一直对我们的生活产生巨大的影响。这就是潜意识的巨大作用。弗洛伊德曾经提出过冰山理论，认为人的意识组成就像一座冰山，露出水面的意识只是一小部分，而冰山的绝大部分，即会对其余部分产生影响的潜意识，都隐藏在水下。

然而，潜意识虽然神秘，却可以被我们的一举一动所影响。世界公认的潜能激励大师安东尼·罗宾斯（Anthony Robbins）曾提出一个巅峰状态三角形理论（emotional triad），通过日常生活中的一些简单方法，去消除我们潜意识中的恐惧和焦虑。

这一理论中的三角形由三个部分组成：生理要素、关注点和语言。如下图所示：

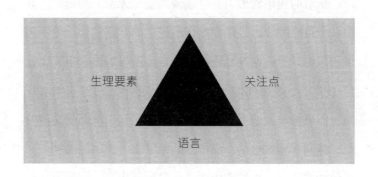

生理要素是指身体及其所有系统，以及直接影响这些系统的元素，包括呼吸、温度、运动、面部表情、姿势，等等。生理因素决定了我们的感受，也就是说，我们如何使用身体会影响我们在心理和情感上的感觉。如果我们想控制自己的感受，就必须意识到自己的感受和身体如何相互联系，但在现代社会中，人们面临的一个巨大问题就是感受和身体的分离。不妨问一问自己，你有多久没有认真感受身体给予你的提示和信号了？在生理要素里，我们不需要语言的交流，生理要素的调整可以直接作用于我们的情绪，且速度非常快，可能只需要几分钟。

在人类的有效沟通中，语义传递只占 7% 的影响力，另外 38% 的影响力通过语气语调传达给对方。而占据最大比重55%的部分，其实是通过肢体语言，或者说生理要素来传达的。2003年，心理学工作者西蒙·沙奈尔（Simone Schnall）和大卫·莱德（David Laird）进行的一项研究揭示了一个有趣的发现——通过假装微笑，你可以释放内啡肽，让大脑认为你很快乐。当我们认为自己处于积极状态时，自己就会变得更强大，我们的睾酮水平会增加20%，皮质醇水平会降低25%。相反，当我们认为自己处于消极状态时，自己就会变得更加弱小，睾酮水平会下降10%，皮质醇水平则会增加15%。[3]

不妨来做一个小小的实验吧。现在站起身，保持以下姿势：低头、肩膀前倾、胸部凹陷、呼吸浅弱（类似悲伤或抑郁时的状态），然后闭上眼睛，静静感受一下你此刻的情绪状态。接下来，请你昂首挺胸，肩膀挺直，用力地大口深呼吸，面带微笑，即使假装微笑也无所谓，然后迈开大步，坚定地向前走几步。然后再一次去感受你的情绪状态。你发现明显的变化了吗？没错，只需要通过改变我们的生理要素，比如体态，在几分钟之内就可以改变我们

---

3 Simone Schnall, David Laird. Keep Smiling: Enduring Effects of Facial Expressions and Postures on Emotional Experience and Memory [J]. Cognition and Emotion, 2003, 17（5）, 787-797.

的情绪状态。

除此之外，生理要素里还包括要照顾好自己。当我们获得足够的睡眠并用优质的食物滋养身体时，就会获得美好的体验。虽然有时候我们因为太匆忙，会牺牲睡眠时间或者省去一顿饭，但这并不可取。每天都要留给自己足够的睡眠时间以保持头脑清醒，并按时摄入使我们感到满足的营养食物。

近年来，有关关注点的话题非常火热，因为它和量子物理有所关联。早在 20 世纪初，物理学领域就提出了关于量子力学的一种诠释，即哥本哈根诠释。它包含了几个重要的观点，其中一点是一个量子系统的量子态可以用波函数来完全地表述。波函数代表一个观察者对于量子系统所知道的全部信息。1957 年，休·埃弗雷特三世（Hugh Everett III）提出了多世界诠释，他认为塌缩的假设是不合理的，在观察中应当把观察者也放入波函数，那么观察者就会陷入两种精神的叠加状态，每一个叠加状态的观察者会感知到一个特定的结果，即观察现象朝着不同的方向演化，这就产生了平行存在的多种不同现象。你不需要完全明白这些让人晕头转向的名词到底在说什么，但请注意这两个诠释中都提到的一个共性的地方，那就是观察者。

换言之，你的观察点在哪里，你的注意力就在哪里，它将直接影响你的发展走向。

你或许觉得这么说太夸张了，我们的关注点真的有这么强大的力量吗？我们不妨来做个实验。请你找到一面镜子。现在，请你盯着镜子中的自己，把你所有的注意力都聚焦在五官中你觉得最满意的部位，然后满怀赞美、满足、开心的情绪，去仔细观察这个让你无比骄傲满意的部位。请观察它的每一处细节。如果这个部位是眼睛，你可以仔仔细细地看一看瞳孔的大小、颜色，睫毛，甚至眼中倒映出的那个自己。还可以想象一下当你走到街上，周围的人看到你美丽的眼睛，对你投来友善且欣赏的目光。请你停留在这一刻，感受一下心情如何。然后转移视线，打开门或者走到窗边，感受一下今天天气如何。有没有觉得今天的天气也相当不错，哪怕正在下雨，你也觉得别有情调。现在，请你再次回到镜子前，这次将观察一个你最不满意的五官部位。请把你所有的注意力都聚焦在这个让你失望无比的部位。比如你觉得你的鼻子形状不好看，甚至影响了你的整个面部，请盯着你的鼻子，仔细地观察它是怎样让你不满意，又是怎样破坏了你的美感，是怎样让你越看越烦。还可以想象一下当你走出门去，所有人都在盯着你的鼻子，他们的眼中充满了嘲讽和厌恶。现在请你离开镜子，再走到屋外感受下今天的天气。怎么样，你是不是觉得天气已经变了？即使是个晴天，阳光好像也不像刚才那么明媚了，小鸟的叫声也没那么婉转了。如果正在下雨，你可能还会觉得有点心烦意乱。这就是关注点对我们情绪的直接影响。

在对以上实验进行科学解释之前，我想先问大家一个问题。你觉得你看到的世界是真实的吗？我们常说眼见为实，眼睛看到的就是真实的。但如果我们了解了大脑的工作原理，可能就会对这句话产生不一样的理解。人类通过视觉感知到的世界，是通过发光物体和反光物体传来的光的视觉成像，在大脑中模拟出的一个真实世界的投影。我们看见的其实只是特定频率的电磁波刺激了视网膜，然后通过双极细胞和神经节细胞将信号传入大脑所构造出的一个主观感受。注意这里，特定频率的电磁波会刺激视网膜，也就是说我们看到的并不是一个完整的世界，只是可见光波段的电磁波。如果一个物体无法和光互相作用，我们就无法感知到它。到了后期加工再输出的阶段，就更加不可思议了。因为我们的大脑会加入很多猜想和预测，而不是客观事实。你有没有经历过这样的事情？比如你正在工作，然后不小心把手边的一块橡皮擦或者别的什么东西碰掉了，你眼看着它落到地面又弹了出去，你也确定自己看见它飞向了某个方向，但当你弯下腰顺着那个方向去找，却发现怎么也找不到。你有没有在心里默默地想：真奇怪，明明看到它往这里飞的，怎么不见了？

这背后的原理就是，你其实根本没有看到那块橡皮擦飞到了哪里。我们的大脑有时候太自信了，会自作主张地预测物体会去向哪里，甚至让你看到它的运动轨迹，让你相信它的确去了那里。这种现象的出现主要是因为大脑神经系统的响应速度还不够快，外界信息从视网膜传到视觉中枢系统会出现滞后。为了保证我们身体动作的连贯，大脑开始对物体的运动轨迹进行预测。2017 年，发表在《自然－通讯》杂志上的一篇文章中，荷兰拉德堡德大学的科学家设计了一连串可预测的闪烁点，在反复播放闪烁点的情况下，大脑能预测出下一个点的闪烁模式，甚至展示出完整闪烁序列。这说明只要给予一定的运动或序列轨迹，大脑就会自动判断下一步会发生什么。不过这种判断经常会出现错误。就像我们刚才提到的橡皮擦一样。2014年，《自然－神经科学》杂志上提出过一种更为夸张的想法：我们的感知世界是一个过去与现在的平均画面，你现在慢慢品味的咖啡，面对面看着的人，都带有 15 秒前的信息。这也从另一个角度间接证实了，我们其实生活在一个过去的世界中。为了作出补偿，大脑想出了预测事件的解决方式。

总结起来，其实就是一句话，你的世界都是你自己脑补的，或者说是你自己创造的。你过去看待自己的方式成就了今天的你，很多看似凑巧发生的事件其实并非巧合，而是你自己引导的结果。一切外在表现的根源都在内心，一切都在你大脑的想象之中。

了解了这个原理，其实就不难明白，心想事成也好，创造现实也好，其实都是一回事。对于一个事件的发生，你也许没有百分百的决定权，但却可以决定它的发展走向。如果你的关注点在消极层面上，事件就会往消极方向发展，继而就会引来一切你不想要的东西。如果你对事件放任不管，它可能就会自由发展，结果有好有坏。如果你的关注点是：哦，天哪！这是个巨大的机会！你的世界就开始往意想不到的方向精彩地运转了。所以，看待一件事的角度极为重要。关注点所在的地方就是能量流动的地方。

接下来我们来聊聊语言。你有没有发现，你常挂在嘴边的话往往会变成现实？比如，去年年底我制订了一个短途旅游计划，制订的时候我还在想："行程安排在好几个月以后，到时候孩子可别生病了。"结果到了出行的那天早上，孩子真的生病了，最后这个旅游计划只好取消。这是不是特别像我们常说的"墨菲定律"？

我不禁想问大家一个问题，你知道赛车手在快要撞墙时，会如何避免冲撞吗？答案并不是大家想象的靠大脑快速计算和判断或凭借丰富的经验，而是不看眼前那面墙，转而望向方向盘该转去的方向。就凭这个动作，就可以让他们避免严重的事故发生。同理，习惯使用正向语言，将引导事情朝着积极乐观的方向发展。

语言具有意义，而我们通过语言赋予事件的意义决定了我们的感受。因此，我们的语言不仅描述了我们的经历，而且正在成为我们的经历。语言不仅会影响我们的情绪状态，还会影响情绪的强度。此外，我们常问自己的问题也决定了我们的情绪状态。例如，有人总喜欢问自己"为什么我不够好"，这会将他的视野和选择变窄。相反，如果改成"我能做些什么来改善自己的处境"将会使他的视野拓宽，从而获得更多选择的权利。这是因为人们在心理上有一种自我认知的需求，更偏爱看到自己想看到和感兴趣的事物。那些总是抱怨发牢骚的人，其实潜意识当中就在寻找能让自己开口抱怨的事。那些喜欢说"我真走运"，总是心情愉悦的人，潜意识里就在寻找让自己觉得幸运的事情。

我们常常把自己的幸与不幸归咎到别人身上。事实上，幸与不幸不是别人的问题，而是自己吸引来的。你是谁就会吸引谁，你希望有什么就会吸引什么。你的幸与不幸，都是你自己说出来的。

语言可以改变我们的情绪状态，继而改变我们的世界。从这一刻开始，为了让自己保持积极乐观并专注于未来，请选择使用积极的话语。当你发现自己说出的某个词语使你的注意力转向消极状态时，就用一个全新的、积极的词语来替换它。一旦你开始改变语言习惯并将自己引导到一个更积极的方向，你将更容易达到巅峰状态。

话说对了，你的世界就跟着变好了。

希望每个人都可以在生活中积极地运用三角形理论。假以时日，你会发现自己的能量在提升，焦虑在好转。

改变，有时候不是一件容易的事情。但是大脑的可塑性和适应性极强，能否成功，说到底就是看你愿不愿意让改变发生。

4.4 正念：
正念生活，拥抱当下的力量

　　无论我们遇到了怎样的情绪问题，总会有一些简单通用的方法，帮助我们走出情绪的困境。正念，便是方法之一。

　　近年来，正念生活方式越来越受到人们的推崇，甚至风靡全球。正念为何会有如此大的影响力？

　　想要揭开这个谜底，我们需要先了解正念究竟是什么。

　　不妨先来做一个小实验。现在请你专心致志地阅读你眼前的文字，把所有的注意力都集中在文字上。请问，此刻的你是否知道自己的双腿是什么样的姿势？是伸直的，还是弯曲的，或者是跷着的？无论此刻你的双腿是何种姿

221

势，如果你已经觉察到它们的状态，那么你已经拥有了最基本的正念。

正念的英文单词 mindfulness 其实是一个全新创造出来的词。它由形容词 mindful 演化而来，原意是留意、留心或用心，变成名词之后描述的是一种状态，也就是说，mindfulness 是一种保持留心的状态，更进一步说，正念是保持当下对内在的观照，包括身体动作、感觉心情、念头想法等，并以开放、接纳、不评判的态度，客观如实地体验自己的身心状态，进而觉察外在的世界。正念并非望文生义地解释为正向的念头。

正念的概念最早源于佛法，但如今我们所说的正念大多已去宗教化、去仪式化，只留存其中的心智锻炼方法。谈到当代的正念，就不得不提到一个人，他是引领西方主流社会正念潮流的第一人，也是正念减压法的创始人乔·卡巴金。

20 世纪 60 年代，卡巴金还在麻省理工学院念书时，就不断探索生命的价值。有一天他在校园里听到一场主题为冥想的演讲，演讲者是一位叫菲利浦·卡普乐（Philip Kapleau）的美国禅师。这场演讲让卡巴金颇感兴趣，并且从那天开始，卡巴金开始每天力行演讲中提到的冥想练习。经过一段时间，他发现冥想对自己身心的帮助非常大。而这段时间的冥想练习也让他有了更多的思考。他意识到西方教育非常强调思维，却缺乏觉察，这正是正念要传达的觉知力。

1979 年，卡巴金在马萨诸塞大学医学院成立减压门诊，首度结合传统冥想静修与当代科学实证，创设了正念减压法。当时医院里有一些慢性疼痛患者，无论如何都无法减轻疼痛，院方决定请卡巴金用他的方法和理念来帮助大家缓解疼痛，于是便有了第一批正念减压的体验者。与传统消除疼痛的治疗方法不同，卡巴金要求患者观察疼痛、接纳疼痛，最终感受它的本质。卡巴金的治疗方法在当时争议很大，但事后证明，正念减压法的确对减轻疼痛有很大的帮助，而且不仅缓解了疼痛，很多患者的身心状况也得到了改善。

就这样，正念减压理念逐渐受到肯定。1995 年，卡巴金在马萨诸塞大学医学院成立正念中心。至此，正念进入欧美主流社会，在医学、企业、教育、心理等领域陆续开发各式正念课程。

正念的流行并非偶然，因为它所倡导的正是当代人缺失和渴望拥有的，那就是当下的力量。

　　想要理解什么是当下的力量，需要先明白我们为什么会感到痛苦。

　　当思绪漫无目的地游走时，常常在不知不觉中操控了我们的感受、情绪，甚至是行为。正如一个硬币有两面一样。思绪万千有时会带给我们巨大的想象力和创造力，让我们获得巨大的裨益。有时也会让我们陷入情绪的泥潭，像毒药一样蔓延全身。当负面的思绪不断在你的脑海里游荡，你就完全没有办法平静下来。这种胡思乱想变成了一种噪声，搅扰着你的正常生活，让你无法安心工作，更无法愉悦地享受生活。比如，在职场中，我们常常会有这样的经历，明明不喜欢这份工作却不得不为了生计坚持，明明觉得老板赏罚不公还得笑着迎合，明明觉得同事针对自己还得装傻充愣对自己说"忍一忍风平浪静，退一步海阔天空"。在这样的压抑之中，你的情绪会非常低落，你会更加频繁地胡思乱想这样的日子什么时候才是尽头，这样的生活你还能忍耐多久。每当这时，你就会被思绪控制，陷入痛苦的恶性循环。

　　针对诸如此类的痛苦，解决的办法便是停止胡思乱想，解放大脑。你可能会问，既然思绪是不受控制的，我们怎么能让它停下脚步呢？其实是有方法的。我们需要去觉察，去特别关注一下那些老是在你的脑海中循环播放的想法究竟是什么，在觉察的过程中不要做任何评判，因为一旦开始评判就自然而然地开始胡思乱想。你只需要像欣赏一幅画一样，观察它就可以了。这样你就绕过了思考，取而代之的是感受。感受会帮助你意识到自己是在觉察这种思绪。随着你的觉察，真实的想法就会慢慢地浮现出来。有时候，你会发现大脑出现了一片空白，但你的内心却异常平静。这是一个很好的放空大脑的机会。

另一个造成我们感到痛苦的原因，是对当下的抗拒。这种抗拒很多时候是无意识的，但却是每个人都会经历的。比如在工作中的忍受，或者在一段亲密关系中，对对方不满却因为种种原因不想分手，于是忍受、冷战、逃避。我们或多或少都曾体会过因为对当下的抗拒所造成的痛苦。身心灵大师埃克哈特·托利（Eckhart Tolle）曾经在聊到对当下的抗拒时，提到了一个"小我"的概念。所谓小我，是个体在思考的过程中创造出的另一个自我，控制着个体的行为。小我是个体的一部分，但是它又极其敏感，害怕被看破，它只存在于想法之中，并不具备实体。所以它会误导你，让你忽略了当下，去追逐一些虚无缥缈的东西，比如诱导我们去追求财富、权力、名声，可是它又总是不能被满足，因为小我的欲望无穷无尽，所以当我们追逐到了财富、权力、名声之后，也只会获得转瞬即逝的满足感。之后，又会坠入漫长的空虚和痛苦之中。

破除这个困境的方法是把关注点从过去和未来收回来，回到当下，回到此时此刻。提到过去、当下和未来，你自然会以为这是时间的观念。时间观念可分为自然时间、人文时间（人文时间的核心是历史时间，在此不讨论）和心理时间三个维度。自然时间也就是我们完成一件事所需的实际时间。心理时间具有相对性和主观性，主要指个体对时间的感知和体验，包括对过去的回忆、对现在的知觉以及对未来的憧憬。比如说，你计划用 45 分钟的时间来读书。然后你开始认真地阅读，全神贯注地汲取书本中的知识。45 分钟后，你合上书本，继续今天的下一个日程。在整个过程中你非常好地应用了自然时间。但如果你在看书的时候功利性很强，想着看完这本书立刻就要运用书中的知识拿下一个客户，签下一个大单，那么你已经脱离了当下，陷入了对未来的憧憬中。在这种情况下，起作用的就是心理时间了。你脱离了当下，错过了当下的一路风景，疯狂地追逐着那个终点，却忽略了正是此时此刻你迈出的每一步才铸就你到达终点的路。你应该更加专注于当下，将自己从心理时间里拉回来。

第三个造成我们感到痛苦的原因，是源于过去。埃克哈特·托利曾经举过一个痛苦之身的例子，他把我们的身体看成一个容器，里面装的全是我们过去的痛苦。痛苦之身有两种存在模式——休眠和活跃。大部分时间，痛苦之身是处于休眠状态的。但是在某一些时刻它会被激活。比如你被公司辞退了，你会不自觉地想起前任对你的不好的评价，想到以前的同事对你的挖苦，然后你就会开始自我怀疑、自我否定。这时候，你会把这些负面评价无限放大，觉得自己不仅在职场中，而且在人际关系中，在婚姻家庭中也是一个失败者。你会为自己找来更多的痛苦。之所以会出现这种情况，是因为痛苦之身的食粮就是痛苦和一切负面情绪。只有吸食更多的痛苦，它才能获得更多的能量，所以它会控制你的身体和思想，让你想要找到更多的痛苦。

想要击破痛苦之身，你需要做的就是认清与接纳，认清正是你的习惯性回避给了小我可乘之机，将你拉入痛苦的旋涡之中。你应该做的其实是走开，站远一点，以第三者的视角去观察这一切。然后告诉自己，这些痛苦是存在的，我只需要接受它们的存在就可以了。埃克哈特·托利曾以女性击破痛苦之身的故事举例。很多女性会在月经到来的那几天经历痛苦，腹痛难忍，心情低落，莫名想要流泪。在意识到月经即将来临时，女性要保持清醒，感觉到要被痛苦控制之前先主动迎接它，默默地感受它的力量，而不是被痛苦裹挟，跟着它一起沉沦。当痛苦从休眠状态中彻底醒过来时，可能会有女性感觉到心神不宁，这时不需要恐惧，也不需要抵抗，只需要继续觉察它，感受它的力量。久而久之，当你意识到痛苦不过是你的一个想法和感受，并不是一个实体，痛苦也就慢慢瓦解了。

总结来说，我们的很多痛苦来源于不确定的未来或是已经结束的过去，我们总是想要从二者中获取某种力量。但事实上，能赋予我们力量的只有当下。

想要从当下获得力量，首先要关注我们的身体，或者说与身体建立连接，就如同前面提到的觉察双腿实验。如今脑力工作越来越多，这让我们渐渐地与自己的身体失去了连接，甚至对自己的身体感到陌生。其实本体才是最深刻的自我，拥有巨大的能量。当你感到能量匮乏的时候，你需要做的就是去感受它、觉察它。不要尝试去理解或质疑，只需要用身体去感受。这是因为我们用了太多的大脑，太多的思维，过度的思考导致我们与自己的身体觉察渐行渐远。现在，你可以尝试跟我一起去寻找你的本体，去体会一下那种奇妙的感觉。找一个不被打扰的安静空间，选择一个舒适的姿势坐下来，闭上你的眼睛，将注意力转向你的身体，去感受你的头部、胸部、腹部、双手、双腿，去想象血液在里面流淌，能量在里面交换，它们为你带来了巨大的生命的力量。你是不是已经感觉到了身体各个部位涌动着能量？把你的注意力集中在这种能量上，去感受它，深呼吸，然后睁开双眼。这样的练习只需要短短几分钟的时间，却可以让我们的身体能量开始舒展，充满活力。每一次觉察练习都会增加你的能量，随着练习的深入，你的觉察力会越来越强，帮助你找到最深刻的自我。

除了觉察身体，我们还应该学会保持静默。静默与声音同等重要。如果没有静默，便无法衬托声音的多姿多彩。当我们能够保持静默的时候，就会更容易关注到当下所发生的一切。埃克哈特·托利提到过一个概念，叫作未显化状态，就是看不着、听不见的状态。它是本体的状态，最为宁静平和的状态。它很神秘，神秘到人们很难感受到它的存在，但在倾听声音的过程中，它还是留下了痕迹，静默就是未显化状态之一。当我们学会保持静默的时候，就能自然而然地感受到未显化状态的能量，静默会传入你的身体，让你的内心也平和起来。我们每天的生活中，感官刺激已经远远超出个人的承受能力，无止境的注意力需求使我们的大脑前额叶持续处在一种超负荷的状况之中，正因如此，我们的注意力日趋涣散，甚至趋于枯竭。当注意力被消耗殆尽时，我们会变得容易分心，心智疲惫。根据注意力恢复理论，通过减少对自主性注意力的需求，降低感官刺激，让集中注意力得到休息和恢复。适时保持静默可以暂时关闭信息的输入，屏蔽外界的打扰，把注意力转向自身，让自己独处。这是一种自我疗愈、为自己注入能量的极好方式。

除了保持静默，还要学会臣服。很多人对臣服这个词有一些误解，认为臣服就是认命、懦弱、放弃，这是一种消极的观点。真正的臣服并不是怯懦，相反，臣服需要巨大的力量，需要一种前所未有的果决和勇气战胜内心的抵抗。面对领导的赏罚不公，同事的冷嘲热讽，你的臣服不是默默忍受，把所有苦闷都憋在心里，而是换个角度思考，想一想自己是否确实存在一些问题。当你客观地审视自己，发现自身确实存在一些问题，那么你该进一步思考，如何才能做得更好，把工作做得更加出色。臣服于当下，不是让你不分是非对错，而是让你抛掉情绪，接受事实。真正的臣服会让你的内心重新回归宁静，任凭风吹雨打都不会伤害到你。

当你理解了当下的力量，其实对于正念，你也已经完全掌握了。正念就是安住在当下，觉察、接纳，自然而然地进入喜乐的状态。卡巴金提出了正念练习的七个基本态度，它们构成了正念练习的主要支柱。这七个态度分别是不评判、耐心、初心、信任、不强求、接纳与放下。

接下来，我们展开来聊一聊这七个基本态度，因为它们对于我们的生活有着深远的借鉴意义。

关于不评判。所谓评判是我们对于某个人或事物作出的关于价值、道德、预期等方面的评价，比如这对我没有什么用、你是个坏人、我做不到这些、你真让人讨厌，等等。很多人对于不评判有个错误的认知，觉得不评判就是不去评判。但其实，所谓的不评判是要觉察到评判时尽可能不受自己的好恶、意见、想法所牵制，以一个更宽广的视角去看待这个世界，以一种客观的、不偏不倚、不加掩饰的态度来观察或参与，而不是带着偏见或主观愿望来扭曲事实。当我们开始学习关注自己的内心，会惊讶地发现原来我们总是以自己的价值和偏好为基准，不停地评判世间万物。我们所认为的好的，可能是因为它们让我们感到愉悦；我们所认为的不好的，仅仅是因为它们让我们感到不开心；我们所认为的不好不坏的，只是因为它们与我们毫不相干。这些持续不断的评判会让我们毫无觉察地落入惯性反应，让我们心焦气躁，很难对内在或外在正在发生的事情有敏锐的洞察，于是我们的整颗心就像不能停歇的钟摆一样，与我们的评判一起上下摆动，起起落落。如果我们想要找到一种更有效的方式来面对生活中的种种，首先要做到的就是觉察到这种自动评判的习惯，如此我们才能看穿自己的偏见与深埋在偏见之后的恐惧，也才能看到偏见与恐惧如何支配我们。只有觉察才能让我们从中释放自己。使用正念态度，要求我们当发现自己又开始不由自主地评判时，不需要阻止，只需要尽可能地觉察正在发生的一切就可以了。

关于耐心。耐心是一种高级的智慧，表示我们了解也接受。可惜的是，如今耐心越来越稀缺，我们身边的一切都在追求速度，学习一项技能恨不得第二天就能上手，做一件事情恨不得下一秒就可以完成，各种诱惑干扰着我们的注意力，让我们越来越浮躁。然而很多美好的事情，需要漫长的时间来沉淀，就像酿酒一样，只有经过时光的沉淀才能让一坛酒愈发香醇。

当我们通过正念练习来滋养自己的心灵与身体时，需要时时提醒自己别失去耐心，无论这种耐心的丧失来源于我们忍不住想要评判，还是当我们练习了一段时间后却觉得一无所获。我们需要抛开所有的身外之物，只专注于当下的觉察。无论结果令人开心，还是难过，或是焦虑，都是我们当下生命的真实呈现。当我们的心东飘西荡的时候，耐心会协助我们接纳它，并提醒自己不要受到外界的干扰。关于耐心的正念练习，需要时间的积累，给自己足够的时间与空间去慢慢地探索，不能急于求成。

关于初心。你是否还记得孩童时期的自己，那时的我们对世间的一切充满了好奇，哪怕是一件在成年人看来再稀松平常不过的事情，儿时的我们也会觉得充满了无穷乐趣。然而随着年龄的增长，我们越来越习惯把一切当作习以为常。我们经常以自己的经验来看待所发生的一切，这反而妨碍了当下的真实体验。当我们视所有平凡为理所当然，也就错失了平凡里的不凡。

生命中没有一分一秒是一模一样的，每一秒都是独特的，都蕴含了各种可能。保持初心，就是以好奇、开放的态度看待一切。将生命中的每一次境遇都当作第一次，把遇到的每一个人都当作第一次接触。如此，即便只是去看看云彩、树木、流水和石头，你也会觉得充满了乐趣。初心的态度在日常生活中就可以培养。比如当你在路上偶遇了一个熟悉的人，试着问问自己，如果这是你们的第一次相遇，你会有什么有趣的发现？然后再想一想你记忆中的他和你重新发现的他有着怎样的不同。相信你一定会有非常惊喜的发现。

关于信任。信任的对象并不是外人，而是自己。你相信自己吗？我们的生活中充斥着各种各样的专家建议、权威发布、统计数据等，我们在决策时也越来越依赖它们。我们根据智能手表上的记录来判断睡眠质量，根据健身App来判断训练是否到位，却忽略了来自身体本身的声音。我们信服某些权威专家的说辞，却将自己的感受置之脑后。日复一日，我们的自我价值变得荡然无存，仿佛只有得到别人的认可，得到外界的肯定，才有存在的意义。在正念练习中，我们需要逐渐培养出一种相信自己、信任自己的态度。这并不是说我们要屏蔽一切来自外界的信息，而是提醒自己，不要总是往外看，却忽略了自己的声音。你永远不可能成为他人，只能期待成为更好的自己。信任自己意味着相信自己当下的真实感受，相信自己有能力尝试并接受更多的挑战，哪怕在这个过程中遇到了一些困难，也没什么大不了的。因为此时正是重建自我信任的大好时机。就像在做拉伸运动的时候，你感到自己已经到了极限，如果忽略这个感受，身体就有可能受伤。你不必过度效仿他人，相信自己的真实感受可能比信服权威更重要。练习正念，就是练习负得起做自己的责任，学习倾听与信任自己。更妙的是，你越信任自己，你就越能信任他人，并看到别人良善的一面。

关于不强求。不强求的态度像极了老子所提倡的无为，指的是我们无须过度用力去追求达到某种目标或者状态。越是强求，越会背道而驰，只需要对当下所发生的一切保持关注就好。但很多人误解了"无为"的含义，以为无为就是不做任何行动和改变，不需要努力。这种误解是因为混淆了努力和不强求。其实这两者有很大的差别，努力关注的是过程，强求关注的是结果。不强求的态度其实是在提醒我们，很多事情是不受我们单方面控制的，我们并不能决定每一件事情发展的方向。我们一旦过度追求某种目的，就容易感到紧张焦虑，继而为我们带来很多阻力。比如，你在练习正念冥想的时候，心里不停地想着做完这个练习我就可以放松了，或者我会变得更有智慧，就像乔布斯一样，此时你已经为自己设定了一个目标，这也意味着你现在是不好的，是紧张的，是不够智慧的。这种想法会侵蚀你，如果你是紧张的，就会更加专注于紧张，如果你是痛苦的，就会更加专注于痛苦。而正念中的不强求，是让你放下过度追求，放下目的，只是去觉察。在觉察中，你的心反而会慢慢静下来。

关于接纳。接纳指的是承认并允许人事物当下所呈现的样貌。那么与之相对应的就是我们否认当下真实的样貌，并想要与之对抗。日常生活中，我们总是会无意识地消耗很多能量来否认或抗拒已经发生的事实，因为我们希望事情能按照自己想要的方式进行。遗憾的是，这些否认和抗拒并不会改变任何事实，反而会给我们自己以及周围的人带来巨大的压力和痛苦。我们急于否认，痛苦挣扎，最终只剩下少许的力气留给成长与自我疗愈。更糟的是，本就所剩无几的能量又在缺乏觉察下，被我们自己挥霍殆尽。于是，我们陷入一个无穷无尽的黑洞之中，离最初的目标越来越远。以减肥为例，很多人对自己的身材不满意，认为要减到理想体重才能接受自己。于是他们开始控制饮食，并且疯狂运动。每一次上秤看到体重没有变化他们都会如临大敌，每一次多吃了几口饭他们便会愧疚不已。他们认定了现在的自己是糟糕的，是不值得被欣赏、被爱的。过度减肥常常导致人心情烦躁，甚至走向另一个极端，暴饮暴食或者很快反弹。因此在真正改变之前，你必须先接纳自己的真实样貌。即便你现在的身材不理想，那也是真实的自己，值得被爱的自己。当你开始这样想，减肥就会变成一件快乐的事情，减肥的过程也会让你越来越爱自己。在正念练习中，接纳意味着以一颗开放的心，温和地允许所有感觉、感受与想法出现，无论它们是什么，不去与之对抗，也不去想要改变它们。接纳不代表你必须喜欢每一件事物，也不意味着你必须放弃你的原则与价值观，更不表示你必须对现况顺从容忍，只是说你愿意看到人事物的真实样貌，不受自己的评价、欲望、恐惧或偏见的左右。如此一来，你才能采取更合适的行动。每分每秒都是练习接纳的良机，而学习接纳本身即是智慧。正如美国著名人本主义心理学家卡尔·拉森·罗杰斯（Carl Ransom Rogers）所说："一个有趣的悖论是，当我接受了我自己本来的样子时，我就能改变了。"

关于放下。放下是一个老生常谈的话题。但我们依然经常会被它困住。我们总是处于矛盾之中，对于讨厌的事物我们很难接纳，当喜欢的事物不复存在时，又很难放下。因此，在正念练习中培养放下的态度十分重要。当我们开始专注于自己的内在体验时，很快就会发现我们的心总希望控制某些想法、感觉或状态。然而，事物的样貌会随着时间发生变化，如果我们过于沉浸在记忆中的样貌里，就无法看到它当下所呈现的样貌。我们应该学着放下心中已有的倾向，顺其自然地接纳事物当下的样貌。

你也许觉得正念所提倡的很多理念偏向于心灵层面，但其实正念练习对于大脑的影响已经得到科学界的广泛认可。正念可以被看作是一种主动性的脑部训练，通过调动脑部认知皮层的活跃性，来强化个体的注意力和情绪调节能力。正念练习是一种全脑训练，与一般的认知训练不同，它的影响具有广泛性。正念练习不仅能够促进个体社会性的发展，还能有效提高其专注力、自我控制力等认知能力的发展。更让人惊喜的是，正念练习的影响是稳定且持久的。2015 年的一项追踪研究发现，受试者在结束正念练习 6 个月之后效果仍然比较明显。2011 年，美国马萨诸塞州总医院的科学家盖尔·代博尔德（Gaelle Desbordes）研究发现，通过磁共振成像检测显示，练习者经过 8 周的正念练习后，大脑中负责情绪的杏仁核的体积会减小，负责专注、觉醒和决策的额叶皮层会变厚。同时，额叶和杏仁核的连接也相对变弱，而额叶的注意力区域和大脑的其他感知皮层的连接变强。可以说，正念练习是可以重塑大脑，并提升我们幸福感的一项非常有效的练习。[4]

正念练习非常简单。哪怕你没有时间坚持每天做正念冥想，也有很多可以在日常生活中练习的小方法。比如我们可以从喝一杯水开始体验正念生活。现在请你去厨房拿一瓶水和一个杯子，将水缓缓倒入杯中，仔细观察水倒进杯中时呈现出的涟漪，静静地看着这杯水，想象这杯水来自何处，然后慢慢地等待水波静止。将杯子拿起来，放到鼻子前闻一闻，注意水面有没有气泡，隔着杯子感受此刻的水温。然后轻轻地啜一口水，让水在舌头上停留几秒钟，再让它慢慢地滑入喉咙；吞咽的时候，留意肌肉的收缩、喉咙的感受与声音，以及胃的反应。虽然这只是一个简单的喝水的动作，但却调动了我们的视觉、嗅觉、听觉、触觉、味觉等感官，还会留意到喉咙、胃部等器官的感觉，真切地感受到水如何与我们建立联系。你看，只是

4　Gaelle Desbordes, Lobsang T Negi, Thaddeus W. W. Pace, et al. Effects of Mindful-attention and Comparisson Meditation Training on Amygdala Responses to Emotional Stimuli in an Ordinary, Non-meditative State [J]. Frontiers in Human Neuroscience, 2012, 6（292）:1-15.

认真地喝一次水，你就已经开启了正念的生活方式。

你还可以从一朵云中找到正念的态度。当你感到疲惫时，不如放下手上的工作，走到窗边，在天空中找一朵你最喜欢的云，然后慢慢地呼吸，向它发送你的意念。观察云如何变形、飘走、消散，想象它飘到了你的鼻尖，云的形态是轻飘飘、软绵绵的。你还可以把自己的烦恼放到云朵上，搭配呼吸的练习，想象每一次吸气都在吸入快乐，每一次呼气都是让云带走你的烦恼。在一次次的练习中，找到自己最舒适的状态。

正念练习并不是一件高深莫测的事情。每当你意识到自己、周围的环境以及正在发生的事情时，你就已经处于正念状态之中了。

练习

情绪能量自我提升练习
（NLP 语言换框）

　　在本章，我们详细地聊了聊情绪的力量，对于我们内在的巨大潜能，我们也有了更多的感知。在本章的练习环节，我将分享一个可以在短时间之内改变我们的情绪体验，为我们的能量调频，提升我们效能的练习。

　　这个练习方法来源于 NLP。NLP（Neuro-Linguistic Programming）是神经语言程序学的缩写。N（Neuro）指的是神经系统，包括大脑和思维过程。L（Linguistic）是指语言，更准确地说，是指从感觉信号的输入到构成意思的过程。P（Programming）是指为产生某种后果而要执行的一套具体指令，即指我们思维及行为的习惯，就如同电脑中的程序可以通过更新软件而改变。

　　NLP 概念由理查德·班德勒（Richard Bandler）和约翰·格林德（John Grinder）于 1976 年提出。班德勒求学时主修计算机，但他却醉心研究人类行为，阅读大量心理学著作，常常向传统心理学派提出挑战，而后他获得心理学硕士与哲学硕士学位。格林德是任教于加州大学的语言学家，具有协助美国中央情报局（CIA）工作的经验。一次机缘巧合，他们一起研究并模仿当时在沟通以及心理治疗方面有卓越成就的三位大师在治疗过程中运用的语言模式、心理策略等。他们借此整理出 NLP 的理论架构，经过多年反复的临床试验，认为 NLP 被运用于了解人类经验和行为并使之有所改变方面具有非常显著的效果。他们研究并模仿的三位大师分别是催眠治疗大师米尔顿·艾瑞克森（Milton Hyland Erickson）、家庭治疗大师维吉尼亚·萨提亚（Virginia Satir）以及完形疗法创始人弗雷德里克·皮尔斯（Frederick Perls）。

本章练习的方法便是 NLP 的核心方法之一——换框法。人的意识思维以语言的形式组成，随着经验的累积，意识思维会形成许多的习惯模式，NLP 称之为思想框。比如，有人遇到事情总会觉得这是一个机会，看到积极的一面；也有人遇到事情就开始惊慌失措，觉得天都要塌了，只看到消极的一面。这些是不同人的思想框。不同的思想框会形成不同的性格以及处事待人的方式，进一步可能直接影响一个人的生命特质。当我们接触外在世界的时候，我们不会吸收全部的内容，而是选择性地吸取所需要的信息，这个过程称为定框。框里面是我们所选择的信息，框外面是我们所淘汰的信息。淘汰的理由往往是潜意识认为不重要，而并非完全是意识层面的活动。因此，一个人要有所改变，就要打破固有的思维框。跳出框架，换一个角度，就会看到全然不同的人生视角，激发更多的生命能量。

常见的换框法有环境换框法、时间线换框法以及意义换框法。

　　首先，我们来聊一聊环境换框法。生活中总会遇到一些人和事让我们觉得不满意不喜欢，这时候我们要么选择反抗，要么选择逃避。环境换框法则建议我们无须重新诠释这些给我们带来消极感受的人或事，只需要尝试把它们放到另一个环境里，让它们变成正面积极的就可以了。环境换框法的底层逻辑在于：任何人或事都有其价值，可能在一种环境下价值发挥得比较大，在其他环境中却发挥不了什么作用。因此，我们需要找出能让它们发挥作用的环境来改变它们的价值。我们可以举一个简单的例子，来证明环境对于同一个事物的影响。比如一瓶普通的矿泉水，你认为它值多少钱？你可能会说超市里大概卖两块钱。这是我们日常生活中的环境场景。如果你把这瓶水放在极度缺水的沙漠进行售卖。这时候它的价值已经发生了变化，也许可以卖 30 块钱。如果在一个遭遇了重大干旱的地区，你的面前有一个快要渴死的人，这时候你手里的这瓶水又价值多少呢？也许你会说它是无价之宝，没错，因为此时这瓶水可以拯救一条生命。这就是转换环境的神奇之处。

在人际关系中，环境换框法往往可以发挥极大的作用。我的一位朋友曾经长期苦于亲子关系的维系。她经常对我说："我简直不想和我的儿子说话，他每次都要顶撞我，搞得我不开心。"有一次我问他："如果你的儿子在学校遭到了霸凌，你是希望他忍气吞声，还是希望他可以勇敢地保护自己？"她突然愣住了，她说她忽然才发现很多事情并无绝对的好坏，只是需要区分不同的场景。

如果有人总是批评你："老大不小了，做事情老是火急火燎的，一点都不稳重！"你大可不必愤怒地反唇相讥，也不必陷入自我怀疑，觉得自己的性格很糟糕，不如想一下火急火燎的做事风格在什么时候会发挥巨大的作用。比如需要发挥创意的时候，一个新项目落地需要快速占领市场的时候，要去抢购限量版收藏品的时候。这么一想，你有没有觉得火急火燎原来是一个优点。

接下来有一个小练习。请你尝试用环境换框法，对以下三句话进行全新的诠释。

我不太会察言观色，所以常说错话。

我儿子对什么事都只有三分钟热度，很难持之以恒。

领导太挑剔了，简直就是吹毛求疵！我已经对他忍无可忍！

我们再来说说时间线换框法。你小时候有没有经历过这样的事情？有一次考试，你没发挥好，考了一个极差的成绩。班主任一脸阴沉地当着全班同学的面批评了你，又让你叫家长到学校来面谈。当时你是不是被吓坏了，觉得世界末日都到了？现在回过头来再看一看那场失败的考试，你还会觉得那是世界末日吗？你有没有觉得那时的自己真是太单纯了？这就是时间的力量。我们每个人经历的每一件事，都是发生在特定的时间和空间里。当下所经历的失意也好，不顺也罢，放在时间长河里来看都是一件极其微小的事情，一切都只是暂时的。时间线换框法对排解生活中的挫折、困惑、烦恼非常有帮助。只需要加上一个时间的限定，一切都会变得很不一样。

比如，把"我找不到好的工作"换成"我目前还没找到好的工作"，把"我和他分手了，心情很差"换成"我和他分手了，这几天心情很差"。你会发现当你换个说法的时候，那些烦恼对你的影响突然有了时间的限制，变得完全可控。当过了这一段时间，你就重新拿回了对生活的主动权，天空中的阴霾也一定会被阳光驱散。练习时间线换框法共分五个步骤，分别是表达困境、改变表达方式、找出原因、假设目标达成和进行计划。

以找工作为例，我们来具体演示一下。

第一步：表达困境。我的困境是找不到工作。

第二步：改变表达方式。换成"目前，我暂时还没找到工作"。

第三步：找出原因。目前求职的岗位都比较看重应聘人员的某项技能，我暂时还不具备这项新技能。

第四步：假设目标达成。当我了解并掌握了某项技能，就可以很快找到一份不错的工作。

第五步：进行计划。现在，我需要去了解一下我应聘的岗位所要求的技能，并查找或购买与之匹配的课程和学习资料。从现在开始，每天晚上进行两小时的网课学习，周末进行汇总复习，争取在两个月内掌握这项技能。

借助以上五步，我们就能从被动消极中跳出来，并且形成一套清晰的行动策略，帮助我们重新收拾好心情，大步向前。

最后，我们再来谈谈意义换框法。所谓意义换框，就是努力从负面的意义中找出正面的意义来。之所以可以如此操作，是因为很多事情本身是没有意义的，所谓的意义是人为加上去的。既然如此，一件事情就可以有更多其他的意义，包括好的，也包括不好的。从这个角度来说，事情的意义取决于我们的主观思想，我们对事情的理解决定了意义的好坏。同一件事情里包含不止一个意义。找出最有利于自己的意义，便可以改变事情的价值，使其由绊脚石变为踏脚石，将坎坷不平变成一帆风顺。比如，你眼前有一根木棍，它本身并没有什么意义。但你可以把它变成火把，也可以把它当作拐棍，还可以把它当作武器……一根木棍尚且如此，一句话、一个行为、一个环境，我们都可以赋予不同的意义。

意义换框法也符合心理学中的 ABC 理论。ABC 理论是由心理学家阿尔伯特·艾利斯（Albert Ellis）提出的，他认为激发事件 A（Activating Event）只是引发情绪和行为结果 C（Consequence）的间接原因，直接原因则是个体对激发事件的想法和认知 B（Belief）。简单来说，消极情绪和行为障碍并非由激发事件引起，而是由个体对此事件不正确的想法和认知引起。因此，想要处理个体的消极情绪和行为障碍，不应该去避免激发事件，而是去处理个体对事件的诠释。

意义换框法对一些因果式的信念最为有效。例如："因为领导不喜欢我，所以我心里很难过。"练习意义换框法可以按照四步走。

第一步：用"事实＋所以"的句式准确描述此时此刻的情绪。例如："因为领导不喜欢我，所以我心里很难过。"

第二步：将"所以"的内容改为与之相反的行为动词。比如将"我心里很难过"改成"我要快速改变他对我的看法"。

第三步：调整顺序。把句首的"因为"二字放到最后，并至少找出六个理由。这句话就变成了"领导不喜欢我，我要快速改变他对我的看法，因为……"。

1. 可以加薪；

2. 可以快速升职；

3. 可以让我获得更大的成就感，增强自信；

4. 可以提升我沟通和向上管理的能力，为创业做准备；

5. 可以让我成长得更快，获得更好的工作机会；

6. 可以激发我的内在潜能。

第四步：选出自己最能接受的一个理由，反复默念，直到稳定情绪。

意义换框法能帮助我们把负面意义转换为正面意义，无论面临怎样的境遇，都能时刻保持积极的心态。

下面来做一个小练习吧。请你尝试用意义换框法，对下面这段话进行新的诠释。

今天天气不错，我带孩子出去购物。我们买了很多东西，我一手推着童车，一手提着大包小包。当我左推右拿好不容易走到电梯口，看到电梯正要关门，我立刻快步冲了过去。结果电梯里的一个年轻人不耐烦地按着关门键，并对我说："这电梯本来就不大，你的东西太多了，等下趟吧。"我当时非常生气，一天的好心情都被搅坏了。

当你掌握了换框法的基本原理之后，我们将进入一个高阶的技巧操作部分，也就是 NLP 的六步换框法。在开始具体的操作之前，我们需要先弄明白 NLP 的前提假设。NLP 理论一共有十二条前提假设，也是 NLP 执行者们一直在践行的价值观和信念。六步换框法涉及其中的四条前提假设。

假设一：凡事必有至少三种解决方法。

我们觉得束手无策，是因为认为没有解决方法；我们陷入困境，是因为以为只有一条路可以选择；我们左右为难，是因为以为结果只有两种可能。

然而，一旦你发现自己拥有三个以上的选择，就会豁然开朗。不过你要相信，一定还有数不清的解决方法，只是那些方法还没有被你看到。所有的难题最终一定都可以被破解。

假设二：每个人都会做出给自己带来最佳利益的选择。

每个人的所作所为，都是他认为在当时的环境下，做出的最有利于自己的选择。所以，每个人的行为背后，一定有他的正面动机。如果你了解和接受了他的正面动机，他就会觉得你接受了他这个人，你就更容易引导他做出有效的改善。

假设三：每个人都已经具备使自己成功快乐的

能力。

是什么决定了你的快乐？是眼前所发生的事情使你开心或愤怒吗？每一件事都同时存在正面和负面的意义，你想看到哪一面，赋予它什么意义，由你来决定。你可以通过改变自己的信念来改变对它的理解，从而改变自己的情绪和行为。换言之，我们每个人已具备了让自己成功快乐的所有能力，无须外求。

假设四：动机和情绪不会错，只是行为没有效果。

老公持续多日加班到半夜才回家，你为此大发雷霆，因为你渴望另一半的陪伴；提交给公司的工作报告搞砸了，因为你太看重这次报告，过度紧张反而更容易出错。情绪的背后藏着动机，无论我们的行为如何，动机总是正面的，因为潜意识从来不会伤害自己，只是我们误以为某些行为可以满足自己的这种动机。所以，我们可以接受自己的动机和情绪，同时改变自己的行为方式。同理，当我们看到一些看不惯的行为时，不妨透过那些行为看到它背后的动机。

理解了这些前提假设之后，我们便可以进行换框操作了。这是一种与部分潜意识（次人格）沟通的方法，可以处理问题行为、习惯、情绪或来自身体的信息（例如过敏、疼痛、抖动等），具体操作如下。

第一步：找到一种想要改变的模式（可以是情绪，也可以是行为），完全放松，并将注意力转向潜意识（内在）。

第二步：将想要改变的模式称作 X，建立与 X 的沟通。

1. 先跟 X 进行保证："改变是为了让自己更好，而且只有当其他部分都接受时，才会改变。"

2. 问 X："X，你是否愿意和我在意识上进行沟通？如果愿意，请在我的身体上产生一个触觉信号。"

3. 感谢 X 发来的信号。再次向 X 确认："如果这个信号是你想要进行沟通的，请加强，如果不是，请减弱。"

4. 请留意 X 的回应，并再次谢谢 X 的合作。

第三步：区分行为与行为的意图。

1. 问 X："你是否愿意让我在意识上知道你的意图？"

2. 如果得到肯定答案，便可直接沟通了解其意图。

3. 如果得到否定答案，进一步探讨 X 否定的原因，并自问："你是否愿意相信 X 是为了自己的利益着想，即使该行为模式令人无法接受？"

第四步：建立合乎 X 意图的其他行为。

1. 邀请 X 带着其意图，与潜意识负责创意的部分进行沟通。

2. 找出符合 X 意图的新行为。

3. 在新行为产生的同时，请 X 对其进行评估并选出三个合乎 X 的意图、效果跟原行为一样好、能立即生效的行为。

4. 请 X 每做一个选择，就发出一个肯定的信号。

5. 等待，直到出现三个信号。

第五步：请 X 使用新行为达到同样的意图。

询问 X："是不是无论何时，X 会在时机恰当的时候使用三个新行为，并为使用它们负起责任？"

第六步：确认整体生态平衡。

1. 问："请问潜意识的其他部分是否同意 X 使用新行为达到其意图？"

2. 留意身体是否有任何知觉上的变化，如果全体潜意识皆同意，身体会感觉得到；一旦收到变化的信号，返回第二步，将其定义为 Y，再做一次，直到全体潜意识全部同意。

3. 感谢全体潜意识，并请 X 马上开始使用新行为。

也许看到这里你已经有点云里雾里了，别担心，我们举一个具体的例子，你就会明白如何使用了。六步换框法特别适用于你心中有某部分指使你做不想做的事，或者阻止你做想做的事，也就是内耗。我们从内耗行为中选取一例来进行剖析。比如现代人经常遇到的一个问题，工作的时候总是想打开手机刷短视频。刷了一会儿短视频又内心不安，想要继续工作。在这个案例里，一个次人格是我们想要工作的部分，另一个次人格是我们想要刷短视频的部分。它们是独立的个体，彼此冲突，但是它们都是你的一部分，都满足了你的一部分需求。接下来，我们按照六步换框法的步骤进行操作。

第一步：找到一种想要改变的模式。在这个案例里已经很明确了，即想要改变工作时刷短视频。然后放松身体，进入潜意识状态。

第二步：将想要改变的模式称作X，并建立与X的沟通。在这个案例里，刷短视频是我们想要改变的模式，因为它干扰了我们的工作，使工作效率变低，所以称它为X。先向X保证："改变是为了让自己更好，而且只有当其他部分都接受时，才会改变。"然后询问X："想要刷短视频的次人格，请问你是否愿意在意识上与我沟通？如果愿意，请在我的身体上产生一个触觉信号。"触觉信号如肚子发热、手心发热，等等，每个人的情况有所差异。静静等待，如果没有信号产生，则表示不愿意。这也可能是因为你的身体放松不到位，或是选择的环境不合适。如果感觉到了信号，向 X 进行感谢，然后再次确认："如果这个信号是你想要进行沟通的，请加强，如果不是，请减弱。"继续等待 X 的回应。最后再次表示感谢。

第三步：区分行为与行为的意图。询问 X："想要刷短视频的次人格，你是否愿意让我在意识上知道你的意图呢？"然后等待 X 做出回应。

第四步：建立合乎 X 意图的其他行为。比如在上一步的沟通中，X 告知我们它的意图是为了让我们放松，因为持续工作十分劳累，我们需要劳逸结合。那么我们将与 X 一起，与潜意识负责创意的部分，一起找出 3 个能达到放松且不妨碍工作的方案，比如边听舒缓的音乐边工作、每工作 15 分钟就站起来休息 5 分钟、每工作 1 小时就允许自己刷 10 分钟短视频放松一下。X 每同意一个方案，就要请它发出肯定的信号。直到 3 个信号全部出现。

　　第五步：请 X 使用新行为达到同样的意图。询问 X："既然你已经找到了 3 个比以前更好的替代方案，你愿不愿意在时机恰当的时候使用这 3 个方案，并为使用它们负起责任？如果是，请继续。如果不是，请返回第四步，再找其他的替代行为。"

　　第六步：确认整体生态平衡。询问你的身体："请问潜意识的其他部分是否同意 X 使用 3 个新的方案达到让我休息放松的意图？"留意身体是否有任何知觉上的变化，如果全体潜意识皆同意，身体会感觉得到；一旦收到变化的信号，返回第二步，再做一次，直到全体潜意识全部同意。最后感谢全体潜意识，并请 X 马上开始使用新行为。之所以有这一个步骤，是因为如果我们只是单纯改变了 X 模式，而没有将其他行为的次人格作何反应考虑进去，很可能在我们使用新行为时遭遇新的阻力，受到潜意识其他部分的反击。

　　还需要说明的是，换框并不等同于积极思考。换框的时候，我们的态度是开放的，不受任何限制的，正面的或负面的都可以。任何解释、任何定义也都是可能的，只要选出对你而言最有力、最有帮助的观点与意义即可。通过换框练习，你将突破经验的枷锁，看到不一样的天空。即便你身处危机，即便你此刻无比绝望，只要跳出既定的思维框架，就能看到巨大转机。你将不再被任何环境、任何境遇所困住，如破茧而出的蝴蝶，奋力飞向更加广阔的天空。这便是换框的意义。

第五章

内核能量——开启无限可能

5.1 内驱力：
内驱力是被发现的吗

梦想和现实的距离，究竟有多远？

每个人从小到大都有过无数的梦想，比如小时候渴望每次考试都考出优异的成绩，希望自己长得出挑被人喜欢，大学毕业后梦想找到一份满意的工作……这些或大或小的梦想，有的实现了，有的却成了泡影。梦想之所以未能实现，很大一部分原因是我们没能坚持。但是纵观周围，总有人坚定执着、持之以恒，不到终点誓不罢休，他们有着超高的耐力和行动力。

前一段时间，我大女儿的英语成绩直线下滑，我很焦虑，于是买回来一堆口碑极好的学习资料，并且每天花几个小时陪她一起学习。然而，女儿总是心不在焉，学习时经常神游，我几次忍不住想要冲她发脾气。后来，我们彼此都忍受不了这份煎熬，那堆学习资料便被束之高阁，再也没有打开过。几个月后，女儿突然对我说："妈妈，暑假能不能带我去英国玩？"我问她为什么要去英国，她说她的同学假期去了伦敦的哈利·波特片场，在那里看到了对角巷和霍格沃茨，她羡慕得口水都要流下来了。我知道女儿是个十足的《哈利·波特》迷。我于是故意叹了口气对她说："不是不能去，但是现在你的英语这么差，到了那里可能听不懂，也玩不好呢。"女儿眨巴着眼睛，流露出失望的神情。接下来的日子里，她每天主动从图书馆借来英文小说阅读，看电视时也只选择英语频道。不久后的一次英语考试，女儿考了全班第一名。这一次没有责备，也没有逼迫，女儿完全靠自己只用了几个月的时间，就实现了英语水平质的飞跃，而她想去英国度假的梦想也自然实现了。这背后的神秘力量，就是内驱力。

内驱力，顾名思义，是一种来自个体内部的驱动力。瑞士著名哲学家、心理学家荣格将内驱力与集体无意识联系起来，他始终强调集体无意识是建立在集体观念的基础上的，并以"生命驱力"为前提。其实内驱力是个体在环境和自我交流的过程中产生的，具有驱动效应的，给个体以积极暗示的生物信号。其实质是一种无意识力量，源于最原始的，积累了整个历史经验的心理体验在人脑中的反映。

美国认知教育心理学家戴维·保罗·奥苏贝尔（David Pawl Ausubel）提出，成就动机由三个方面的内驱力组成：一是认知内驱力。这是一种要求获得知识、技能以及善于发现问题与解决问题的需要，如好奇心、求知欲、探索欲等，简言之，即一种求知的需要。这是意义学习中最重要的一种动机。诱发这种内驱力需要激发个体的兴趣，利用他的好奇心，巧妙创设问题情境，诱发认知冲突。认知内驱力是成就动机三个组成部分中最重要、最稳定的部分，它大多存在于学习任务本身。二是自我提高的内驱力。这是一种通过自身努力，胜任一定的工作，取得一定的成就，从而赢得一定的地位的需要，如自尊心、荣誉感、胜任感等。它与认知内驱力的区别在于，认知内驱力的指向是知识内容本身，以获得知识和理解事物为满足，自我提高的内驱力则以赢得一定的地位为满足。三是附属内驱力，指个体为了获得长者或权威的赞许或认可，而表现出来的一种把学习或工作做好的需要。附属内驱力相比前两者，产生的动力较弱一些，通常在个体年纪比较小的时候能够起到一定的作用。

想要掌控强大的内驱力，不仅需要知道它到底是什么，更需要明白它的产生原理。首先，内驱力和大脑密不可分。美国临床神经心理学家威廉·斯蒂克斯鲁德（William Stixrud）博士指出，我们大脑的重要工作，包括决策、调节压力、控制冲动三个部分。负责第一个部分的大脑皮层叫前额皮质，它是人区别于其他动物的最重要的部分，主要负责语言、逻辑、推理，它是冷静的、理智的领航员，但压力过大的时候它会脱线。你是否有过这样的经历，当特别气愤的时候，会觉得大脑一片空白，这是由于压力过大导致前额皮质罢工。

一旦前额皮质罢工，接替它继续工作的是杏仁核。它管理着我们的情绪，会让我们做出应激反应，比如选择战斗、逃跑、僵化等。这就是为什么当遭遇了巨大的压力或刺激时，有的人暴躁易怒，大喊大叫，甚至砸东西；有的人脸色苍白，一动不动；有的人则沉默不语，默默躲在角落里。

如果压力长期存在，大脑就会分泌更多的压力荷尔蒙。比较健康的压力状况是压力荷尔蒙迅速上升，随后又迅速恢复。一旦压力荷尔蒙不能快速回落，就会出问题。如果压力持续存在，肾上腺就会进一步分泌皮质醇。皮质醇就像身体为了长期作战而引入的援军，它的浓度在体内慢慢上升，以帮助身体应对压力。当压力不断增大，身体会分泌更多的皮质醇，进而伤害到海马体，海马体负责记忆和学习，这会直接导致个体的学习状况受到影响。

这个工作原理其实很好地解释了为什么在我女儿学英语这件事上，我责备她、每天逼她学习都毫无用处，因为这些对于她来说都是压力，并不是她自己想要的。其实不仅对于孩子，对于我们自己来说也是一样的。为什么现在的人很容易感到迷茫？因为我们总是感觉不到主动权，仿佛一直被推着走，身不由己。年过三十岁还没有结婚，可能你自己并不着急，因为你有自己的人生规划，但是身边的人都在催你，父母一次次打电话逼你尽快恋爱成婚。你一着急，内心就乱了，周围的一切都变成了压力。于是，你失去了积极性和主动性，完全是在迎合，随波逐流。

想要激活内驱力，你首先需要拿回的，是对自己的掌控权。这就需要让前额皮质得到充分发育。这一点在儿童教育上也非常重要。很多父母对孩子过度保护，什么事都替孩子操办好，就希望孩子按照自己的想法做事，吃饭的时候不能把地板弄脏、出去玩的时候不能乱跑乱跳，一旦孩子没有做到就会大吼大叫。这些做法都会抑制孩子前额皮质的发育。其实对于孩子来说，三岁以前就能把大脑前额皮质发育得很好。到了青春期，如果家长还是如此，可能会让孩子内心失衡，甚至带来严重的后果。很长时间以来，父母认为养育孩子只有两种方式：要么专制，要么宽容。专制的父母强调孩子的顺从，宽容的父母看重孩子的幸福，力求通过满足孩子的愿望来使他们快乐。然而这两种情况，前者通常让孩子感到窒息，后者则会使孩子感到茫然。目前，很多关注儿童教育和心理发展方面的专家，包括心理学家和作家等，如玛德琳·莱文（Madeline Levine）和劳伦斯·斯坦伯格（Laurence Steinberg），提出了第三种养育方式，即权威型养育。这种养育方式需要父母给予孩子极大的支持。权威型家长希望能与孩子合作，而不是单方面地命令，因为他们对孩子不仅有爱，更有尊重，并且希望孩子能从他们自己的经历中学到东西。

当一个人对自己的生命和生活有了掌控权，他便可以自由追求目标，这时候再给予他一定的激励，内驱力自然而然就会产生。

我们再谈一谈如何激励。你可能首先联想到的是给予自己奖励，比如完成了阶段性的任务，奖励自己一个心仪已久的礼物。除了物质上的奖励，还有一种我们常常忽略的，精神上的无形的奖励，那就是人生中的任何境遇，哪怕是逆境，是让你忐忑不安的不确定性，其实都是一种奖励，它们对于我们的人生，甚至有着更大的推动意义。

美国芝加哥大学的研究者做过一个实验，他们让几名学生喝水，并告诉他们如果桶里的水降到规定的深度（1.4升），就会给予奖励。一组学生被告知能获得2美元的奖励，另一组学生被告知喝完水后，他们将通过抛硬币的方式随机获得1美元或2美元的奖励。结果发现，不确定组中70%的人完成了任务，而确定组只有43%的人完成了任务。你可能会觉得很奇怪，不确定组能够获得奖励的期望值明显低于确定组，他们为什么愿意为了这种不确定性而努力呢？答案就是因为不确定。

不确定性可以使追求奖励成为一种更积极的体验，让整个过程更像游戏，带来一种兴奋感，从而激励我们投入更多的时间和精力，这在某种程度上抵消了人们对不确定结果的厌恶。另外，这种不确定性会让人们意识到，奖励是更难获得的。这种挑战会让人们更有动力去不断地努力。

人们都喜欢待在舒适圈里，觉得舒适圈里的一切都是自己熟悉的，周而复始，安全且平静，仿佛圈外的一切都与自己无关。可是在舒适圈待久了的人，也会出现各种各样的问题，比如感到迷茫，找不到人生的意义；工作中提不起精神，每天摸鱼混日子；甚至开始自我怀疑、自我封闭。这是因为一切都太确定了，少了波澜，少了风险，也少了迎着风浪振臂高呼的激情。此刻的你，如果被命运的洪流推到了舒适圈外，像一只惊慌失措的小鸟，面对未来不知所措，不妨试着抬起头，看一看那些变化莫测的流云，听一听耳边交错混杂的声响。因为这些不确定性，可能都是可以激活你强大内驱力的秘密武器。

有了掌控力，有了激励，还需要设定目标。目标为我们带来动机。动机由需要转化而来，是个体为了满足需要而采取行动的倾向或驱动力。它指导着个体的行为方向，使个体朝着满足需要的目标前进。动机在内驱力的表现中起着关键的作用，它使内驱力得以转化为具体的行动。说得形象一点，目标就是一盏黑夜中的指向灯。当我们在黑夜中跌跌撞撞地摸索着前进时，是它为我们照亮了方向。正是因为它的存在，让我们消除迷茫、克服恐惧，鼓足勇气继续向前。

芝加哥大学布斯商学院行为科学和市场营销学教授艾

利特·菲什巴赫（Ayelet Fishbach）曾经举过一个生动的例子，用来证明目标对于行动的重要意义。

菲什巴赫教授让学生们想象自己是飞机失事后的幸存者，在飞机上寻找接下来他们需要的物品。很多学生立刻在火柴、斧头、指南针、导航手册等物品中挑选起来，并论述为什么要选择这些。当教授询问他们目标是什么的时候，很多学生才发现，他们选择的工具与目标没有任何关联。他们不知道自己究竟是应该等待救援，还是尽快地离开丛林。如果等待救援，可能需要帐篷等遮风避雨的物品，但他们选了导航手册；如果尽快离开丛林，可能需要火柴、指南针等物品，但他们选了帐篷。因为事先没有设定目标，他们的选择毫无意义，最终的结果是他们既不能有效地搭建起帐篷等待救援，也无法顺利地离开丛林。他们因此而感到气馁，进而陷入迷茫。而一旦陷入迷茫，就很难唤醒内心强大的驱动力，只能消极被动地等待命运的安排。可见，目标是一种强大的驱动力工具，它不仅指引着具体的方向，而且推动我们朝着这一方向去努力，激发出我们的内驱力。

那么，又该如何设定一个可以激发我们内驱力的目标呢？这里有三个原则可供参考。

第一，我们要明白目标和手段的关系。如果我们错把手段当作了目标，非但不能激发我们的内驱力，还有可能身陷痛苦。菲什巴赫教授还做过一个实验，他向一群学生拍卖著名经济学家理查德·H·塞勒（Richard H. Thaler）的一本亲笔签名书，学生们都很想得到这本书，最终的平均出价为 23 美元。接着，教授又向同样热衷于这本书的另一群学生拍卖一个手提袋，他把塞勒的亲笔签名书装在手提袋里，免费送给拍下这个手提袋的人。这么一对比，后一个拍卖品显然更划算。然而，事实却是学生们对这看似更划算的组合平均只愿意出价 12 美元。

为什么会出现这种情况呢？我们不妨问一问自己，网上购物的时候，你倾向于选择包邮的商品，还是会选择需要自己付运费的商品？如果商家注明满 100 元包邮，你会不会为了凑够 100 元而购买你并不需要的东西？当你回答完这两个问题，关于拍卖品的答案就已经出现了。学生们的目标是书，他们愿意为此支付更高的价格。虽然购买手提袋送书更划算，但他们觉得手提袋只是一个手段，它的作用就是装书，所以它不是学生们积极渴望的目标，他们也不愿意付更多的钱在手段上。网购的例子也是同理。我们更愿意把钱花在目标上而不是手段上。商家知道顾客不喜欢把钱花在手段上，所以会把运费暗含在商品价格中，给人以免运费的假象，从而促使我们去选择。所以，有驱动力的目标设定的是期望的理想状态，而不是实现目标的手段。在设定目标的时候，我们需要牢牢记住这一点：要从最终收益而不是手段的角度去设定目标。这样才能把目标变成内驱力的催化剂。比如你正在找工作，如果你把目标设定为"多投一投简历看看自己能找到什么样的工作"，这就是错把手段当作了目标，这会让你很痛苦，因为你并没有看到目标带给你的激励感。如果你把目标修改为"我要在3个月内找到一份满意的新工作"，目标带来的激励感立刻就有了。

第二，我们要合理选择趋向型目标和回避型目标。所谓趋向型目标，是指鼓励人们采取积极行动的目标，它告诉我们需要做什么，比如"我要赢得比赛""我要升职加薪"都属于趋向型目标。回避型目标则是指人们为了避免不好的结果或错误而设定的目标，它告诉我们不要做什么，比如"我不想继续在这里工作""我不想再输了"就是典型的回避型目标。这两种目标各有千秋，并没有好坏之分。在不同的情境中，趋向型目标和回避型目标各能发挥更好的作用。比如在竞技比赛中，"赢得比赛"的趋向型目标一定比"不输比赛"的回避型目标更有吸引力。而在避免伤害和危险的情境中，回避型目标的作用更强。比如夏天我们要去海边度假，挑选防晒产品时，我们的目标一定是"不要晒黑晒伤"，而不是"让我们的皮肤白嫩健康"。在日常生活中，这两种目标会带给我们不同的情绪感受。成功实现趋向型目标时，你会感到快乐、骄傲和激动，不能实现时，你会感到沮丧、悲伤；而成功实现回避型目标时，你会感到平静、放松和宽慰，未能实现时，你会感到焦虑、恐惧和内疚。在实现目标的过程中，感受是一种非常及时的反馈，不断得到正面的感受是一种强大的动力，你可以用它来激励自己。当我们了解了二者的区别时，就可以根据不同的情境设定相应的目标，有效激发我们的内驱力。

第三，我们要设定有挑战性而且可以实现的量化目标。设定量化目标的最大优势在于，它能够让我们有效评估目标实现的进展。评估后的反馈将带给我们新的驱动力。不妨一起来做一个简单的练习。现在对自己说："我明天要一大早就起床。"然后再对自己说："我明天要比今天早 15 分钟起床。"你觉得哪个目标更容易实现呢？答案不言而喻。

有一项研究分析了约 1000 万名马拉松运动员的数据。虽然马拉松运动员的目标是越快完成比赛越好，但他们通常喜欢设定一个具体的时间，比如在 4 小时内完成比赛。而在实际跑步的过程中，研究人员发现，恰好在设定的目标时间内完成比赛的人比恰好超出目标时间完成比赛的人多得多，也就是说，更多的人会在 3 小时 59 分而不是 4 小时 01 分完成比赛。这种现象符合心理学上所说的损失厌恶。人们憎恶失去属于自己的东西，因为直觉思维对此难以接受。大体上来讲，失去某件东西使你难过的程度是你得到这件东西使你快乐的程度的两倍。对于运动员来说，他们已经跑了 3 个多小时，胜利就在眼前，这个时候只需要再努力一下，就有很大机会在目标时间内完成比赛。如果这时候懈怠了，之前的努力就白费了。所以在最后几分钟里，他们常常爆发出惊人的内驱力，拼尽全力在设定的时间内抵达终点。这便是量化目标所带来的好处。

在设定量化目标的时候，要考虑量化的形式，是数量还是时间？如果是数量，最容易监控的测量单位是什么？比如我们在设定每天阅读计划的时候，可以根据个人情况，将目标设定为"每天阅读 15 分钟"或"每天阅读 20 页"。这两个目标都比"每天我都要坚持看书"容易实现得多。

同时，设定的目标要具有一定的挑战性。因为太简单的目标会让人不屑一顾，也无法唤醒你内心的斗志和驱动力。而把目标设定得过于远大，甚至不可能完成时，你又会直接放弃。只有当设定的目标是一个既具有一定的挑战，又可以完成时，你才会正视它，并且想要尝试努力实现它。

谈完了生命主动权、激励反馈和目标，有的人可能会产生一个疑问。他觉得这三者他都已经具备了，然而内驱力并没有被完美激发，或者哪怕是被激发了，也只如转瞬即逝的流星一样，迸发出刹那的火花，然后就趋于平静，回到那种懒散的状态了。这是为什么呢？

其实，如同兴趣可以通过行动来培养一样，内驱力也可以通过刻意练习来增强。

刻意练习是由美国佛罗里达州立大学心理学家安德斯·埃里克森提出的。刻意练习是一种特殊的练习方式，与机械性的重复完全不同。因为单纯的重复并不会带来显著的进步，就如同 365 天每天重复说一个小时的话并不会让你变成演讲家一样。刻意练习则需要采用系统的方法，明确在当前的领域中，我们希望加强的技能的组成部分。在练习中锁定一个特定的领域，并以特定结果作为目标进行一系列集中练习。我们以弹钢琴为例，普通常规练习会要求你每天不停地去弹琴就可以了，而刻意练习则会告诉你，你需要先练习正确的指法，还需要提升读谱的能力，同时熟练各种基本技术的弹法，再开始针对每一个部分，逐一进行有目的的练习。

一项发表在 *Psychology of Sport and Exercise* 杂志上的研究发现，刻意练习与内驱力存在着重要的正循环关系。参与这项研究的科学家在一年的时间里，跟踪调查了 163 名职业排球和篮球运动员。这些运动员被要求每周通过练习日志，记录自己做了哪些运动、运动时长以及强度。练习任务由他们自己设定，但必须能够至少提升某类特定技能，比如每天进行力量、速度和传 / 发球等方面的练习，也就是我们前面所谈到的刻意练习。最后科学家发现：具有强烈运动内驱力的人，更有可能进行刻意练习任务；而通过刻意练习，运动员参与这项活动的信心增强，从事该项运动的内驱动力也会增强。[1]

1　Vink, K., Raudsepp, L., Kais, K. Intrinsic motivation and individual deliberate practice are reciprocally related: Evidence from a longitudinal study of adolescent team sport athletes [J]. Psychology of Sport and Exercise, 2015,16（3）: 1-6.

这些研究给了我们一个很好的启示，那就是当我们自觉内驱力不足的时候，便可以主动出击，通过积极的行动刺激我们的内在，源源不断地输送出强大的动力。

在进行刻意练习的时候，我们遵照三个简单的步骤，就可以达到我们想要的效果，即专注、反馈和修正。举个例子，我们想要提升英语口语水平，打算采用每天刻意练习跟读的方式。第一步，需要找到一段比较有难度的材料，播放一遍，专注地去听哪些单词和语句是听不懂的，哪些语音语调的发音是比较特殊的，然后尝试模仿一遍。第二步，需要不断地进行反馈，可以通过录音对比的方式，找到自己哪些单词的发音不够标准，哪里的语调有问题，并对照文本做好标注。第三步，需要不断修正这些错误，通过一次次重复，让自己的口语表达越来越流畅。

我们日常接触到的大部分领域都可以采用刻意练习的方法，不仅可以提升我们的精专度，更可以激发我们的内驱力。

梦想实现之路，不会一路鲜花芬芳，也不会畅通无阻。如果你此刻正经历着山重水复疑无路，并且正因此而想要裹足不前时，你要做的并不是过早地放弃。深呼吸一下，去问一问自己，那最初的梦想还在吗？而此刻的你又在哪里？要知道，你并非能力不足，也并不是命运不给予你眷顾，只是你的内驱力暂时睡着了。等它醒来的时候，你会被强烈的灵感和全新的认知照亮，会有一股无法遏制的力量在你的身体内涌动，伴随着无与伦比的激动和狂喜，你的所有感官将被放大，时间会被你忘却，因为你会惊讶地发现，这个世界原来还有这么多奇妙的可能，而你便是这一切可能性背后的主人。

5.2 意志力：
你并不是意志薄弱

保持阅读、坚持锻炼、早睡早起、节制自律……这些是你曾经努力想要实现的吗？但是凭借意志力坚持了几天之后，是不是又变回了那个不想看书、不想锻炼、熬夜刷手机、早上起不来的自己？为什么会这样呢？

你也许会说："我这个人生来意志力就比较薄弱。"这么说不免误会了意志力，也小看了自己。不妨让我们重新认识一下意志力吧。

意志力是你需要克服障碍、抵抗诱惑，在实现目标的过程中坚韧不拔的内在力量。当你在追求更高的目标和价值时，内心又渴望立刻得到满足。在你痛苦挣扎时，有一股来自内在的强大力量帮你抵制一切诱惑，为你扫清障碍，让你克服拖延，专注于最终的目标，迎接新的挑战，这就是意志力。

20 世纪 60、70 年代，斯坦福大学心理学教授沃尔特·米歇尔（Walter Mischel）曾进行过一系列有关自控力的心理学经典实验，被称为棉花糖实验。米歇尔教授招募了若干名 4 岁的孩子参与实验。研究人员把他们依次带进房间，房间里放着一颗棉花糖。研究人员告诉孩子，自己有事情要离开一会儿，如果他回来的时候，孩子没有吃掉棉花糖，那么就可以得到一颗额外的棉花糖作为奖励，如果吃掉了，则没有奖励。说完他就离开了房间。孩子们的表现各不相同。有的盯着棉花糖流口水，有的捂着眼睛不让自己看那诱人的棉花糖，有的忍不住一口把棉花糖吞到了肚子里。孩子们并不会想到小小的棉花糖会和他们未来的人生有着怎样的联系。时间来到 1985 年，米歇尔教授给当时参与实验的孩子们的父母寄去了一份调查问卷。结果发现，当时能够控制自己的欲望，懂得延迟满足的孩子，青少年时期更能抵挡得住诱惑，把注意力放在功课上。当遭遇逆境时，也更能迎难而上，不断突破。他们有着更强的意志力，也更容易获得人生的成功。

　　然而，这种强大的意志力的覆盖面却是有限的。这种有限，与糖有关。美国心理学家罗伊·鲍迈斯特（Roy Baumeister）是有限意志力理论的忠实维护者，他曾经做过一个著名的实验。他要求两组已经饥肠辘辘的学生去解一个事实上无解的几何题，并对他们说是要测试他们的智商。在解题之前，学生被带到一个房间，桌上摆着一盘巧克力脆片和一盘生的白萝卜。其中一组学生被告知想吃什么随便拿，而另一组学生则被告知只能吃白萝卜。之后教授便离开了。第一组学生很开心地把巧克力脆片吃到饱。第二组学生就没那么幸运了，他们只能努力抵挡住诱惑，不让自己去看那些巧克力脆片，最后心不甘情不愿地吃下难以下咽的白萝卜。接下来他们被带到解题的教室，第一组学生平均解了 20 分钟的题目才投降。而第二组学生才解了 8 分钟就放弃了。鲍迈斯特教授指出，葡萄糖就相当于意志力的货币，受试者进行了需要自我控制的实验后，他们的血糖值很明显下降了。这直接导致了他们在接下来解题测验中的不同表现。简单来说，意志力工作时会消耗葡萄糖；一旦可用的葡萄糖被耗尽，人的意志力就会降低；但如果补充了葡萄糖，就能重新获得意志力。

　　有时候，意志力资源又是无限的。你或许觉得这和前面所提到的完全矛盾，但其实这是从不同的维度去考虑的。有限，取决于能量消耗的层面；无限，则来自信念的层面。斯坦福大学心理学教授卡罗尔·德韦克（Carol S. Dweck）率领的研究团队在 2010 年发表了一个声明，被科学界认为是对鲍迈斯特教授观点的反驳。这条声明里提到近期多项研究提出，意志力是有限资源，用完后便消耗殆尽。而德韦克团队提出的观点是，意志力究竟是否会消耗殆尽，取决于人是否相信意志力是有限资源。通过一系列实验，德韦克发现，对一些人来说，在进行了很耗费脑力的测验后，意志力会消耗殆尽，而其他人却能继续进行下一个挑战，完全没有出现意志力疲劳的情况。差别就在于各自的信念不同，对相信意志力有限的人来说，意志力就是有限的；对相信意志力无限的人来说，意志力就是无限的。这就是信念带来的强大力量。信念并非虚无缥缈的东西，它本质上是思想和行动的结合，当我们对自己、对他人、对整个社会都抱有信念时，就会产生一种积极的行动力，帮助我们更好地应对挑战，取得成绩。[2]

2　Veronika Job, Carol S Dweck, Ego Depletion-Is It All in Your Head? Implicit Theories About Willpower Affect Self-regulation, Psychol Sci, 2010 Nov, 21（11）: 1686-1693.

意志力的多寡，的确存在着个体化的差异。有的人生来就拥有超强的意志力，可以轻松抵制一切诱惑；有的人却生来意志力薄弱，但即便如此，你也不必心灰意冷。

如果想要获得强大的意志力，我们首先需要解决的问题，就是理解为什么有时候我们的意志力会失灵。

斯坦福大学曾经有一门热门的公开课叫作意志力科学。后来，教授这门课的凯利·麦格尼格尔（Kelly McGonigal）教授把课程内容整理成了一本书——《自控力》。麦格尼格尔认为，意志力就是自控力，讲白了就是控制自己的注意力、情绪和欲望的能力，意志力说到底就是两个自我之间的对抗，一个是原始的、冲动的、放纵的自我；另一个则是进化后的、理智的、有约束力的自我。从她的定义里，我们不难发现，导致我们意志力涣散的元凶无外乎有三个：注意力、欲望和情绪。

注意力的敌人一般来自外界，它们对我们进行干扰，将焦点从需要专注的事物上转移，从而导致意志力动摇。注意力常见的敌人是来自外界的诱惑。现代社会充斥着诱惑和刺激，不断冲击着人们的意志力，当人们注意力分散的时候就更容易向诱惑屈服。你是否有过类似的经历：明明已经下定了决心今天晚上就要开始学习英语，眼看快到计划学习的时间时，突然手机铃声响了，你的注意力从书本上转移开，打开手机看到朋友发来的一条消息，约你出去看电影。你摇摆不定，纠结了很久，最后你说服了自己："如果我今天不去看电影，扫了朋友的兴，下次他就不约我了。明天再开始学习吧！"可是，明天你真的会如期开始学习吗？

人类只有一个大脑，可是里面经常充斥着两种声音。很多时候，当我们的注意力分散的时候，那个任性妄为的声音就会把那个克制自律的声音完全淹没。所以想要与那个任性妄为的自己对抗，我们需要做的最重要的一件事就是提升我们的专注力。

欲望则和多巴胺脱不开关系。多巴胺这种神经递质会让我们产生欲望，让我们渴望再来一次。很多人以为多巴胺可以制造快乐，但其实多巴胺制造出的是欲望，会让人在得到的时候渴盼更多。在原始社会时期，多巴胺可以刺激人类寻找更多的食物和资源，从而更好地保证自身的生存。现代社会中的各种营销手段，不断地刺激着我们多巴胺的分泌，使我们成为欲望的奴隶。直播间里琳琅满目的商品和主播热情洋溢的解说会让我们忍不住刷一整夜的购物直播，刷一刷屏幕就能得到奖励的手机游戏让我们可以玩到天亮。现代成功的网络商家无一不是玩转多巴胺的高手，也因此诞生了一个名词——多巴胺营销。多巴胺营销的原理就是基于人类的生理反应和行为心理学，通过刺激消费者的多巴胺系统，引发积极的情绪和快感，以在大脑中产生愉悦感和奖励感，使消费者对产品或服务产生积极的情绪体验。除了吸引眼球的广告营销手段，积分奖励、折扣优惠等也属于多巴胺营销里的常用手段。五花八门的营销方式也引起了不少反对的声音，认为这种营销方式造成了人们欲望膨胀，产生了浪费，极大地消耗了人们的意志力，需要加以控制。

情绪的敌人主要是压力。很多时候，你不是意志薄弱，只是累了，你需要的并不是为自己鼓劲，只是放松下来，让自己好好休息。请你回忆一下，你的意志力有哪一次失灵了？你可能会想到各种各样的场景，也许是那一次竞标失败丢了项目，让你染上了酗酒的不良习惯；也许是那一次加班加点赶项目，让你爱上了每天晚上吃夜宵，最后体重暴涨了 20 公斤。缓解压力最常见的方法就是激活大脑的奖励系统，比如吃东西、喝酒、购物、上网和玩游戏。我们把这种反应称为"缓解压力的承诺"。哪怕平日里你对这些缓解压力的承诺并不着迷，当压力暴增或情绪低落时，你会发现心里突然对它们无比渴望。这其实是大脑自救的一种方式。当我们感到压力时，大脑就会指引我们去做它认为能带来快乐的事情。只要大脑和奖励承诺联系起来，你就会渴望得到那个奖励，还会无比确信只有获得那个奖励才是得到快乐的唯一方法。

这是人体应激反应的一种，当我们面对压力时，即便面对同样的一台电脑，即便知道手边还有工作亟待完成，可这时漫无目的地上网闲逛刷视频对我们的诱惑力却增加了数十倍，我们的意志力在这种放大的诱惑力面前变得脆弱不堪。一旦意志力败下阵来，你可能会陷入一个更加糟糕的恶性循环里。因为意志力的败北，你产生了极大的自我怀疑，当你恢复理智之后，你会产生羞辱感、罪恶感、失控感和绝望感。而这些糟糕的感觉叠加起来，会给你更大的压力，为了应对这些压力，你别无选择，只能继续一次次败给诱惑。

我曾经历过一次非常痛苦的减肥过程。那一年，我参加了学校的话剧社，社里正在排练普希金的剧本。我很想争取女主角，当我把想法告诉社长时，他半开玩笑地说了一句："那你可得再瘦点。"那时候的我正处于青春期，个子不高，看起来敦敦实实的，确实与女主角的形象大相径庭。于是我下定决心要在角色敲定前减掉 10 公斤。第一周，我用强大的意志力抵制着美食的诱惑，哪怕同学拿着我最爱的提拉米苏蛋糕在我面前晃悠，我都告诉自己，为了角色，忍了。到了第二周，我已经饿得前胸贴后背。意志力早就在悬崖边摇摇欲坠了。有一天特别热，关系很好的同学给我买了一支雪糕。我心里的天使和魔鬼在激烈地打架，最终魔鬼胜利了。我几口便把那支雪糕吃完，然后陷入了巨大的懊悔中。因为这支雪糕，我坚持了一周多的节食白费了。那一刻，我怨恨同学，更怨恨自己，归根结底还是自己的意志力被打败了。一时间我百感交集，挫败感、委屈和懊悔在那一刻排山倒海而来，再想争取女主角已是不可能的事。我忽然自暴自弃地想："反正减肥计划也失败了，角色肯定争取不到了，再吃多一点又怎么样？就这样吧！"于是放学后，我直冲到甜品店，一顿胡吃海喝。就这样，为期一周多的节食并没有为我带来任何减肥效果，而那个心仪的角色最终也没有属于我。

如果当时我并没有责备自己，而是单纯地觉得"一支雪糕而已，热了就吃一支吧。吃完再继续减肥"，摆脱了罪恶感和自我攻击的重压，我们才能清晰地认识到自己的处境，才能丢下包袱轻松前行。这种清醒将会为我们的意志力再次蓄能，让我们在目标之路上坚定地走下去。所以，修炼强大的意志力，需要我们先处理好与压力的关系。

当我们明确了我们的敌人是谁，自然就可以更加轻松地应对。

首先，我们需要明白一点，就像可以通过锻炼塑造肌肉一样，意志力同样可以通过后天的练习进行塑造。哈佛大学医学院神经内科助理教授亚历桑德拉·陶若图格鲁（Alexandra Touroutoglou）博士曾领导了一项研究，她对动物和人类的大脑进行观察，想要深入了解为何有的人有较高的意志力，另一些人则天天只想摆烂。之后她惊喜地发现，意志力可以通过训练提高。她表示，只要你能够提高前中扣带回皮层神经枢纽的发达程度，就可以增强你的意志力。每个人前中扣带回皮层的神经枢纽发达程度不同。功能发达者，可相对准确地预判体能需求，并有效地调用身体能量来完成任务。如果你对完成一项运动所需的体能有着准确的判断，你就更容易驾驭这项运动，且更可能坚持完成。

练习的方法其实并不难。首先，可以根据意志力的特征来安排我们一天的计划。无论你的意志力具有怎样的属性，它们都有一个共性，那就是随着时间的推移而消耗殆尽。你是不是也发现了，每天早上起来的时候，是你一天中精神最饱满的时候，你有各种各样的想法来度过充实而美好的一天，你甚至还会列出大大小小的计划。可是，随着时间的推进，这股精神开始逐步衰减。等到傍晚，你工作了一天回到家，就只剩下筋疲力尽，起床时的斗志早已不见踪影，未完成的计划也被你扔到了一边。这并不是因为你意志力薄弱，而是每个人都是如此。就像一部手机，早上充满了电开始一天的工作，到了晚上电量就所剩无几。正因为如此，我们应该合理安排每天的日程，把最重要的、需要强大意志力的事情安排在早上，把不那么重要的事情安排在晚上。这样即便到了晚上没有多余的精力再去处理不那么重要的事情，也没有关系，因为最重要的事情我们已经早早完成了。比如我是一个并不热衷于运动的人，虽然我也坚持每天锻炼，但是这会消耗我很多意志力。一开始，我的计划是每天傍晚跑步，结果经常三天打鱼，两天晒网。于是我把跑步的时间改到早上，之后基本每天都能顺利完成跑步任务。如果你也遇到了同样的情况，不妨做一些小小的调整，为每天最紧要的事情留足注意力余电。

其次，与意志力的博弈可以变成一项多人游戏。你有没有发现，如果宿舍里有一个人要去跑步健身，很快全宿舍的人都会参与进来。这是因为人的行为习惯甚至意志力都是会传染的。心理学家发现有三种形式会使我们的社会脑出现意志力失效：一是无意识的模仿；二是传染情绪；三是当我们看到别人屈服于诱惑时，自己的大脑也可能受到诱惑。如果你觉得孤军奋战太辛苦，不妨去寻找身边那些意志力格外强大的人，与他们一起定期聊聊天，或者一起参加一项打卡计划，久而久之，你会神奇地发现，你也拥有了和他们一样强大的意志力。这就是同伴的力量。靠近那些优秀且坚定的伙伴，我们终将像他们一样优秀且坚定。

此外，还要学会及时疏散压力、管理情绪和增强意志力。有个很简单的小技巧，只需要 5 分钟，就可以帮助我们调节情绪，这个技巧是一种呼吸练习。你可以尝试按照以下步骤进行练习：1. 安静地坐在椅子上，双脚平放在地上，背部挺直，双手放在膝盖上，保持内心平静。2. 闭上眼睛，开始观察你的呼吸。当你吸气的时候，在心里默念"吸"，当你呼气的时候，在心里默念"呼"，一旦你发现自己的思绪开始游移，就将注意力拉回到呼吸上。这种反复的注意力刻意练习，可以激发大脑在处理压力和冲动时更加稳定。3. 感受你的呼吸。在这个阶段，不需要在心中默念"呼吸"二字，只需要将所有的注意力都停留在呼吸上。感受吸气时空气从鼻孔进入，胸腹部随之扩张。感受呼气时气体从嘴巴排出，胸腹部随之收缩。如果你发现自己的思绪开始游移，和之前一样，尝试将思绪拉回。

你可以从每天坚持 5 分钟开始，之后逐渐将练习时长延长到 10 分钟。这个练习可以帮助我们增强自我意识，从而让我们的意志力更加强大。

意志力是我们与生俱来的本能，即便每个人的出厂设置会有数据上的差异，只要你愿意，就可以让生命绽放出无限可能。

5.3 习惯：
用习惯为自己源源不断地赋能

　　如果每天只改变一点点，比如只是提前 5 分钟起床、只是坚持 10 分钟的运动，你知道一年后的自己会发生哪些变化吗？

　　在上一节里，我们聊到了意志力，谈到了意志力的波动性很大，而且会消耗我们大量的能量。那么，有没有一件事不需要消耗我们的能量，却同样可以带来巨大的收益呢？有，那就是习惯。习惯是在一定条件下完成某项活动的自动化的行为模式，依靠大脑的基底核运行。基底核在大脑深处，靠近脑干，具有古老原始的结构，它控制我们的自动行为，比如呼吸和吞咽。基底核在大脑其他部分沉睡时，在存储生物的习惯。杜克大学 2006 年发布的研究报告表明，人每天有 40% 的行为并不是真正由决定促成的，而是出于习惯。比如走路时是先迈左脚还是右脚，穿衣服时是先套左边的袖子还是右边的，这些都是出于习惯。习惯会在潜移默化中影响我们的行为，甚至会在重大时刻直接影响我们的决策。因此，习惯的能量是巨大的。1.01 的 365 次方是 37.78——每天只需要进步 1%，一年后你就会获得 37.78 倍的成长。这就是习惯带给你的复利效应。即便短时间来看并不明显，但日复一日，微小的习惯所带来的变化也会非常惊人。美国社会改革家雅各布·里斯（Jacob Riis）曾说：“当我面对困难一筹莫展的时候，我去看一个石匠敲石头。他一连敲了 100 次，石头仍然纹丝不动。但当他敲第 101 次的时候，石头裂为两半。可我知道，让石头裂开的不是那最后一击，而是前面的 100 次敲击的结果。”

所以，习惯到底是什么呢？我们可以将其定义为经常重复的、往往是无意识的行为。这些行为通过反复实践逐渐在大脑中形成稳定的神经路径，最终成为我们日常生活中的自动化行为。

每一个习惯的起点都是一个很小的决定，小到我们可能都不曾把它当一回事，小到都不会动用太多的意志力。就如同播种一样，虽然这颗种子很小，扔进土里我们也不记得它的位置，但心里对它还是有一份期待，期待春华秋实，硕果累累的那一刻。但是这个过程需要时间。这也是为什么，很多习惯还没来得及生根发芽，就胎死腹中。因为我们太过着急了，恨不得把种子撒下去，第二天就能开花结果。我们总是期待一切都能呈线性发展。比如运动减肥，我们会记录体重的变化。看到昨天瘦了一斤，今天又瘦了一斤，我们无比开心，但是到了第三天，突然进入了平台期，体重不再下降，甚至第四天还上涨了一斤。这时候我们会恼羞成怒，觉得运动减肥没用，很多人这时候就会选择放弃。事实上，当我们突破了平台期，体重还会继续下降。这就给了我们一个启发，对于习惯的培养来说，目标只是一个方向，更重要的是，我们有没有遵循这个习惯的养成计划，日复一日地坚持。有时候，目标的实现很可能会姗姗来迟。当你跨过那些迷茫挣扎，越过那些平台期，几个月甚至几年后再回过头来看看，会惊讶地发现，在你将每日的行为变成习惯的过程中，昔日的目标早就被你轻而易举地实现了。

你或许会反驳，按照这样的说法，目标的作用似乎微乎其微了。的确，在培养习惯这件事上，在目标上太过用力有时候会适得其反。因为最终帮你建立良好习惯的，其实是你的计划，或者说是你的系统。举一个简单的例子：在一次职场晋升的选拔中，人人都希望可以被选中。每个人也都为此做出了不同的努力。大家的目标其实是一样的，那就是得到晋升的机会。但是为什么最终有的人成功了，有的人失败了呢？因为目标只是给予你方向，而起决定性作用的是你实现目标的过程。对于培养习惯来说，也是一样的道理。如果你极其渴望培养出一个习惯，比如阅读、锻炼，但是你尝试了很多次都以失败告终，问题很有可能就出在过程上，因为过程中的你所设置的系统与你本人的属性并不匹配。换言之，只需要找到与自己匹配的系统，人人都可以轻松建立起他们想要的习惯，让目标的实现变得轻轻松松。

是什么原因导致系统与属性不匹配呢？美国畅销书作家詹姆斯·克利尔（James Clear）曾经说过，系统与属性不匹配一般有两个原因，一是我们试图改变的东西不对，二是我们试图改变习惯的方式不对。为了更好地理解这两句话，我们需要深入了解一下，行为的改变和习惯的养成究竟是怎么发生的。

从心理学的角度来看，习惯是某种程度上固定的思考方式、意志或者感觉方式，是由以往重复的心智体验而获得的。心理学家往往将习惯视作一种学习过程，它涉及条件反射和强化学习两个重要部分。比较典型的例子是著名的巴甫洛夫的狗的例子。巴甫洛夫给一只狗禁食几天，重新给予它食物的时候先摇铃，再端来食物，狗会流口水。这时候，铃声是一种中性的刺激，食物是一种有意义的刺激。当两者匹配的时候，就会引发狗的条件反射，即分泌唾液。之后，巴甫洛夫不断地重复这个过程，进行强化，将原本毫无意义的刺激变成了能够引发反应的信号，从而形成了习惯。

从神经科学的角度来看，习惯的形成则和我们大脑中的基底核与神经递质密切相关。

我们平时所进行的思考创作等行为都是在较为上层的大脑皮层中进行的，而那些不需要思考就可以做出的决定，则是在大脑底层最中心进行。这个区域就是基底核，也是大脑中控制习惯的区域。

当我们重复某个动作时，基底核开始记录这个动作的模式。随着重复次数的增加，这些动作逐渐从需要意识控制的行为转变为自然而然的，遇到那个场景就会自发进行的行为。这种转变是由大脑神经元之间连接强度的变化引起的，这些连接越强，某个行为就越可能变成习惯。

这就是为什么熟练的足球运动员在比赛中，面对各种复杂的情况都可以迅速地完成传球、突破和射门的动作。因为这些动作是他们训练了成千上万次后所形成的一种习惯性反射。

而神经递质主要指的是多巴胺。当某种行为被认为对我们有好处或令人愉悦的时候，大脑就会开始释放多巴胺。当我们再次重复这个动作，多巴胺就会激增。换言之，在我们体验快乐，以及期待快乐的时候，多巴胺的分泌水平都会升高。这种现象会进一步增强习惯行为的形成。而习惯一旦形成，即便没有外部奖励的刺激，这些行为也会继续。因为这个时候，基底核的神经通路已经非常强大，从而使得习惯性行为成为默认的行为模式。

由此不难发现，习惯的产生不是一朝一夕的。具体需要多久呢？ 2009 年，英国伦敦大学学院教授简·沃德尔（Jane Wardle）带领研究小组进行了一项研究。在这项研究中，96 人被要求选择一种新的健康习惯，具体来说，是在午餐加吃水果、喝一杯水或晚餐前跑步 15 分钟之间选择一种，并要每天坚持，不能松懈。这 96 人还被要求每天填写数据，包括对自己所做之事的意识减少和控制力减少的情况。最终，这项研究表明习惯的形成需要 18 到 254 天，平均约 66 天。[3]

同样，想要改变一个既成的习惯，也不是一件简单的事情，因为想要打破这些已经形成的坚如磐石的神经通路，需要重新对大脑的学习和回应机制进行编程，这是一个十分复杂的过程。但并非不可能，因为我们的大脑具有强大的可塑性。在很长一段时间里，科学家认为成年人的大脑结构是固定的。直到 20 世纪 60 年代，越来越多的实验结果和临床病例显示，无论年龄多大，人脑的一部分都具有可塑性，可以适应后天的变化，甚至神经元也可以再生。因此，当我们想要改变一个旧习惯时，只需要采用正确的方法去打造新的神经通路，并不断地重复。当这条新的道路日趋平坦，我们就可以自然而然地形成新的习惯。

那么正确的方法又是什么？克利尔指出，改变旧习惯，形成新习惯的过程包括四个步骤：提示、渴望、回应、奖励。

3　Lally, P., van Jaarsveld, C.H.M., et al. How are Habits formed: Modelling Habit Formation in the Real World [J]. European Journal of Social Psychology, 2010, 40（6）: 998-1009.

第一步是提示，也可以看作是一种自我觉察。习惯性的行为常常在无意识中发生。想要让一个习惯发生变化，首先要觉察出自己目前的习惯性行为有哪些。我们可以将这些行为一一列出来，让自己完成这个觉察的过程。接下来要做的就是思考希望形成的新的行为方式是什么，这些方式可以带给我们怎样的全新的身份。例如：我的旧习惯是拖延，我总是把任务拖到最后一天才开始临时抱佛脚，但是我希望自己可以成为一个按时完成任务、有计划的人，这就是习惯行为改变后赋予我的新身份。接下来，需要对照现有的行为，思考哪些是与我们的新身份相符的，哪些是有所违背的，哪些行为是新身份所需要的但是还没开始形成的。之后要在环境中做出提示，让这些好的习惯显而易见，时刻提醒自己，强化启动新行为的刺激。

千万不要忽略了环境的巨大提示作用。如果你想要改正的坏习惯是每天抱着手机刷短视频刷到停不下来，那么在你工作的空间里，就应该把手机拿远。否则一旦你看到了手机，就会产生巨大的诱惑，你想要对抗这种诱惑需要消耗巨大的能量，可能对抗完成了，你的能量也不足以支持你继续完成剩下的工作了。如果你想要改正的坏习惯是吃零食，那么就不该在桌子上堆满你爱吃的薯片和巧克力。通过这些例子不难看出，环境中的提示会直接催生对应的行为。而行为的重复就形成了习惯。所以设计出一个适合养成好习惯的环境极其重要，创造明显的视觉提示可以把我们的注意力引到我们想要养成的习惯上来。

对于这一点，我感触最深的就是对女儿睡前阅读习惯的培养。因为学校要求为孩子配备平板电脑，我女儿一度沉迷在平板的世界里，从放学到睡觉，几乎都是把自己关在房间里玩平板。我也曾多次对她下禁令，不许她碰平板，但换来的是她的反抗和抱怨。思考再三，我决定不再和她硬碰硬，而是把她的房间做了调整，在床边添了一个公主风的书柜，上面摆满了印刷精良的儿童畅销书，再把她床头的玩具全部换成了精美的文具。然后神奇的事情发生了。有一天晚上我去她的房间，她正抱着一本《安妮日记》看得津津有味，手边还放着一本笔记本，上面记着什么。而那个平板电脑被她远远地丢到了卧室另一头的书桌上。想要让习惯成为生活的一部分，就让提示成为环境中的一部分。而想要戒除坏习惯就把这个法则反过来，把环境中的坏习惯的提示隐藏起来，让你看不见它。与其耗费能量去对抗诱惑，强迫自己自律，不如从一开始就让这些诱惑销声匿迹。

第二步是渴望。我们为什么会产生渴望，会期待一件事情的发生？因为多巴胺在我们的大脑中起了重要的作用。多巴胺是一种神经传导物质，会让大脑产生奖励机制，进而使我们产生愉快的感觉。然而很多时候，我们对多巴胺有一个误解。我们认为只有在达成目标的那一刻，多巴胺才会大量地分泌，其实不然。多巴胺的产生并非因为目标达成，而是因为期待。不妨回忆一下，小时候爸爸妈妈跟你说，第二天要带你去公园玩，你最兴奋的往往是出发之前。你欣喜得连觉都睡不着，第二天一大早就起床，然后叫醒爸爸妈妈，催促他们赶紧出发。在这个期待的过程中，你的多巴胺分泌达到了峰值。而根据这个特点，我们可以很好地把新习惯带来的结果和我们的期待结合起来，让我们对新习惯产生强烈的渴望，积极主动地想要去做这些行为。一个常见的方法就是把我们想要的和我们必须做的行为连接起来。比如我的先生在最初培养运动习惯的时候，也花了很多精力。因为他和我一样，都不是喜爱运动的人。但是他很喜欢听音乐。所以他把跑步机搬到了装有家庭影院的房间，那里有极好的音响设备。一开始跑步的时候，他都会用那套音响设备播放喜欢的音乐，一边哼着旋律，一边跑步。渐渐地，他不再排斥每天早上起来跑步，后来甚至不需要打开音响也可以完成每天的跑步任务了。

第三步是回应。在这个阶段，环境中已经充满了关于新习惯的积极提示，我们的大脑也有足够的动机来执行习惯，但还会遇到一些阻力阻碍我们的临门一脚。这些阻力的背后有各种各样的原因，比较常见的就是担心旧习惯的改变会失败或结果不够完美。而应对的方法就是把阻力最小化，小到不需要花费什么意志力就可以把新的习惯行为轻松做完。如果你想要培养的是阅读的习惯，比如一天要阅读 30 分钟，可能一天读一页书是个阻力很小的决定。比起完美，更重要的是开始。一旦你开始了，其实很大程度上就可以继续进行下去。

这不禁让我想起和一群年轻的自媒体创业者的聊天。他们有着各种伟大的构想，也是一群敢于梦想、热衷学习的年轻人。他们询问我，有没有推荐的书籍、老师和课程可以帮助他们尽快启动创业计划。我半开玩笑地说："比起不停地学习和看书，你们更需要的可能是现在就开始实践。"我并不是说学习不重要，而是很多时候，我们对于准备工作过于看重。我们觉得一定要把所有的知识都学完了，所有的技能都掌握了，所有的思路都理清了，才能够去行动。但这些准备工作却大大拖延了我们行动的步伐，甚至还会让我们的实践不断地被拖延。我们可以将这种心理看作是一种完美主义，但背后隐藏的依然是恐惧，恐惧行动了会失败，所以迟迟不敢行动。然而想要转变，想要达成一个目标，不行动是永远不会有所收获的。

你或许会问，我需要行动多久才能看到习惯的转变呢？事实上，时间长短是一个没有意义的问题。就像你希望进行自媒体创业，但是一个月的时间连一篇文案都写不出来，这样下去，也许一年也看不到一个结果。想要培养一种习惯，就需要高频次的行动。同时遵循前面说的最小阻力原则，把计划分解成容易达成的小目标，循序渐进。如果你觉得即便做了分解，依然很难迈出开始的那一步，不妨借鉴一下前面的章节里所提到的五秒黄金法则。很多时候，我们无法开始行动，是因为思考得太多。我们思考得越多，就越容易为我们不行动找来诸多借口。与其这样，不如直接倒计时，5、4、3、2、1，然后无论脑子里有怎样的念头，都放在一边，直接开始。这样就绕过了想要给自己找借口的部分，强行让自己切换成行动模式。在不知不觉中，你就会养成快速行动的习惯。

最后一步是奖励。到了这一步，我们已经成功完成了一次或两次新习惯的行动，但我们的目标并非暂时执行这些行为，而是让它变成长期的习惯。行动后的及时奖励会极大地增加大脑下次执行行动的动力，这种奖励带来的愉悦感会大大提高下次重复这种行为的可能性，进而形成完整的习惯循环。然而我们所处的环境却处处都是延迟奖励。就像抽烟，烟草对健康的危害已成为当今世界最严重的公共卫生问题之一，全球每年因烟草导致的疾病而死亡的人数高达 870 万，给全球经济造成约 1.4 万亿美元的损失。但是控烟的效果却微乎其微。因为烟民的大脑都被奖励机制所影响了，抽烟可以给人带来即时的快感，让烟民感到放松，或是转移注意力，暂时摆脱焦虑，这种感觉很好，而且立刻可以获得，所以大脑自然而然就会把抽烟和好处联系起来。尽管从长远来看，吸烟对我们的身体有着严重的损害，但是因为损害结果在未来才呈现出来，我们的大脑在当下并不会看到。

与之相比，很多好习惯给我们带来的却可能是即时的痛苦。比如阅读让我们觉得眼睛疲劳，健身让我们肌肉酸痛。哪怕从长远来看，这些好习惯可以给我们带来巨大的收益。很多时候，好习惯的代价在当下，而坏习惯的代价在未来。正如法国经济学家弗雷德里克·巴斯夏（Frederic Bastiat）所言："几乎总是发生这样的状况：当即时后果有利时，最后的后果将是灾难性的，反之亦然……习惯的第一个果实越甜，以后的果实就越苦。"

因此，想让我们的大脑爱上这个新习惯，最好的办法就是让它立刻看到这件事情带来的回报，也就是让这个行为与即时满足挂上钩。如果一项行为有立即性的好处，我们会把它视为一种奖赏，更喜欢重复执行。一个非常好用的方法是让回报可视化。大多数人都是视觉型动物，如果只说做这件事对我们很好，会显得非常苍白无力。一旦这个好处可以让我们用肉眼看到，产生的效果就会完全不一样。1993 年，加拿大一家小银行聘请了 23 岁的股票经纪人川德·戴斯米德（Trent Dyrsmid）。由于他是个新手，银行并不期待他有十分出色的表现。然而，18 个月内他就为公司带来了 500 万美元的收益。能取得这样的惊人成绩，他是否有什么独门秘诀？他的办公桌上有两个罐子，一个罐子里装了 120 个回形针，另一个罐子则是空的。当时，电子邮件尚未流行，所有推销人员都要靠打电话开展业务。每天早上他一到办公室，就开始打电话推销产品，每拨通一个电话，他就往空罐子里放一个回形针，直到所有回形针都被放进那个罐子里，早上的推销任务才算完成。戴斯米德认为，他的成功取决于一项核心工作：打更多的推销电话。好习惯就是他成功的秘诀。戴斯米德将精力放在真正能决定他成功的基础上，而不是被琐事分散注意力。回形针在这里就起到了一个非常棒的视觉提示作用。每当我们开始对新事物感到兴奋和充满动力时，我们很容易说服自己培养新的习惯。比如"我要吃得更健康"或者"我要坚持健身"，然而几天后，动力消失了，旧的习惯重新占据上风。因为缺乏提示，新习惯的培养通常以失败告终。这就是为什么视觉提示会如此重要。就像戴斯米德桌子上的回形针，它就在那里盯着我们，总是提醒我们要开始培养好的习惯。人类的大脑很有趣，当我们连续几天都有执行习惯，大脑就会不想中断那个连续的记录，这个动力能帮助我们持续执行习惯，还会让我们产生极大的满足感。比如我很喜欢用各种 App 打卡，每当看到满满的对钩，就让我更确信自己正在一步步走近自己期望的那个新身份。

想要实现我们的人生目标，成为我们想要成为的人，靠的不是百分百的运气，也不是一蹴而就的，而是凭借良好的习惯。这些习惯的养成，靠的是我们日复一日地重复，点点滴滴地改变，不积跬步，无以至千里；不积小流，无以成江海。不要轻视它的微不足道，哪怕好的习惯每天只为你带来了 1% 的改变，只帮你向着目标前进了 1 厘米，只要日复一日地坚持，就会激发出惊人的复利效应。从这一刻开始，去积攒属于你的 1% 吧！

内核能量自我提升练习
（墓志铭）

　　在本章，我们不再做过多的理论阐述，而是更加关注与内在的连接。本章的练习也会有所不同，它会让你有更多的思考和感悟。

　　在开始练习之前，我想先和你分享一个真实的故事。那年年初，我发现邻居家的孩子坐上了轮椅。原本以为她只是运动的时候伤了腿，直到有一天和她的爸爸聊天才知道她被诊断为罕见的基因疾病，全球病例不超过百例。目前全球范围内还没有有效的治疗方法。不到一个月的时间，女孩已经不能走路，并且开始脑萎缩。她爸爸说她的生命估计只有几个月了。当时我大为震惊，那个和我大女儿一样大的小姑娘，刚刚十来岁，美好的人生才刚开始，却要残忍地画上句号。我很难过，却也无能为力。有一天下午，我接完孩子回家，看到小女孩安静地坐在院子里，轮椅前架着一个画板。她聚精会神地拿着笔刷在画板上创作着。我走过去和她打招呼，她也开心地回应我。我走近一看，她在画板上画的是花园里盛开的玫瑰花。虽然笔法很稚嫩，色彩的堆叠却十分大胆，充满了热情。我问她："你在学画画吗？"她点点头说："前段时间我在想，如果我死了，最大的遗憾是什么。然后我想到了，我喜欢画画，我想多画一些画送给我的家人，或者其他喜欢画的孩子。这样也算是留下了一些什么吧，我就没有遗憾了。"她平静地说着这些话，没有一丝忧伤，甚至还有一些兴奋。这时她的爸爸走了出来，非常骄傲地拍了拍女儿的肩膀，对我说："之前她因为生病不能上学，心情特别糟糕。但是自从开始画画之后，她的状态好了很多。这或许也是她生命的意义吧。"

这个十多岁的小女孩给我带来了极大的震撼。也是在那一天，我开始思考关于死亡的话题，如果这一天来了，我希望自己留给这个世界一些什么东西。在此之前，我正在经历人生的一个低谷期。因为工作进展缓慢，我对很多事情缺乏动力，有时候甚至会跳出躺平摆烂的想法。但当这个问题第一次严肃地跳进我的脑海的时候，我发现竟一时之间找不到答案。我的脑海里浮现出很多答案，比如我想把公司做大，想赚很多钱，想在海外传播中国传统文化，想做一个称职的妻子和不缺席的妈妈……但我知道自己没办法做到全部，我需要权衡哪些对我来说是最重要的，是我不想留下遗憾的。死亡是每个人都无法逃避的，既然这个终点总是要来，为什么不提前有所准备呢？

　　也许你并不喜欢这个话题，因为谈到死亡我们总是忌讳的。不妨思考一下，我们为什么会忌讳谈论死亡，或者换句话说，我们为什么害怕死亡。你害怕死亡吗？如果你的答案是肯定的，那么怎样才能消除这种恐惧呢？我看过一些研究报道，也问过身边很多人。最后得到了一个让我非常意外的答案，那就是越没有好好生活过的人，越害怕死亡。所以，我们真正不敢面对的问题可能并非死亡，而是自己究竟有没有好好地活过。我可以举我自己的例子。我曾经特别害怕谈论死亡的话题，尤其是在学生时代，那时候我每天认真上课、备考、为未来做计划。一提到死亡，我就特别恐慌。但是现在，我可以直面这个问题了。我一直在想，这种转变是从什么时候开始的。也许是我走了很多个国家，看了很多不同的人的生活；也许是我爬过喜马拉雅山脉的高峰，也下潜过深海；也许是我曾经遇到过很多良善之人，也曾在加德满都和持枪劫匪撞了个满怀……好像经历得越多，走过的路越多，心里就越不害怕了。就像曾经在书里读到过的，你越不曾真正活过，对死亡的恐惧也就越强烈，你越不能充分体验生活，你就越害怕死亡。换言之，人要想克服对死亡的恐惧，唯一的办法就是好好活，真正地、彻底地、尽情地、不留遗憾地活一次。然而我们很多人，其实并不算真正地在生活，而是在赶着完成人生任务，小时候赶着学习，毕业了赶着工作，工作了赶着结婚，结婚了赶着生娃。赶不上了，就开始着急，可是到底在急什么，自己也说不清。这样的我们和执行任务的机器有什么区别？有个问题，我曾在学生时代问过自己，现在，我也很想问问正在读这本书的你，你到底想要过什么样的人生？你来人间一趟，到底想活成什么样子？在你临死的时候，你希望这个世界记得你什么？只有坦然地面对死亡，我们才可能战胜恐惧，拥抱生活。自从明白了这个道理，我发现之前执念很深的东西，都能释然了。

　　以前，我很害怕被拒绝，遇到喜欢的人不敢表白，面对不喜欢的人也不敢拒绝。现在，既然知道死亡都不可怕，那爱和恨又有什么可怕的？创业的时候，曾有一段时间，总是遇不到好的项目，那一年里，我从来没有好好休息过，像无头苍蝇一样到处乱撞，还亏了不少钱。后来我顿悟到，好项目不是乱找就能找来的，工作也不是生活的全部，人在疲惫不堪的时候，就该好好休息。当我有了这样的心态，好项目反而源源不断地找上门来。而且，在看清了死亡之后，我对身边的很多人和事都释怀了。人生短短几十年，无论哪一种相遇，最后都会因死亡而分离。与其抱怨，不如珍惜。这些人生感悟，都是死亡教会我的。

　　再回到我的邻居小姑娘。那天我问她，你怕吗？她没有回答我，却笑了，笑得很轻松。那个瞬间，我突然想到了一部纪录片，叫作《蒙古草原，天气晴》。1999 年秋天，日本探险家关野吉晴正骑着脚踏车横越蒙古，偶遇了年仅 6 岁的蒙古小女孩普洁。他开始了与女孩普洁及其家人的交往。他们一家遇到了很多困难，马匹被偷盗、极端的暴雪天气、社会与经济形态的转型等。但是普洁一家仍在努力生活。2000 年 3 月，关野吉晴与普洁一家再次重逢时，得知普洁的母亲死于疾病，也得知普洁第一次上学。2004 年 7 月，关野吉晴在开始旅程之前，取道乌兰巴托看望普洁一家，得知普洁也因为车祸离世，没有完成她的梦想。这部纪录片一方面带给我们世事无常的慨叹，另一方面则让我们思考如何向死而生。不要把你的生命献给无知、平庸和低俗，把你宝贵的内在生命活出来，这是对死亡最好的准备。

当你能够重新看待死亡的时候，我们就可以一起开始本章的练习了，我称之为墓志铭练习。我有很多学员和朋友都进行过这项练习，大家对它的感受都是力量强大、撼动心灵。希望你也可以从中找到意义和力量。这个练习的分享者是美国知名企业家和畅销书作家唐纳德·米勒（Donald Miller）。开始练习之前，我们来了解一个概念，那就是人生中的四个角色。唐纳德认为，在生活中培养自己的身份至关重要，因为我们的故事都是基于我们的身份展开的。每个人的故事里都会有四个角色：受害者、恶人、英雄和向导。受害者是那些认为自己注定要失败、没有出路、正在寻找救援的人。恶人是那些贬低他人以使自己感到强大的人。英雄是那些不一定有超凡的能力却勇敢接受挑战并不断改变，直到完成任务的人。向导是那些扮演英雄很久的人，他们拥有帮助他人的专业知识。你会在每个故事中看到这四个角色，并在他们身上找到自己的影子。越是你认同的角色，越会被你自动带入，并被你不断放大。你越是认同受害者，你的故事就会变得越糟糕，因为故事中的受害者不会改变，他们只是让英雄看起来好、让恶人看起来坏的小角色。就像我们在电视节目里看到的一样，受害者总是一脸疲惫地坐在救护车上，身体被毯子裹着，浑身颤抖。当我们扮演受害者时，故事便毫无意义。我们永远达不到我们的目标，也不会在这个世界上留下任何东西。

我们更应该努力成为自己生活里的英雄。英雄会因为完成了伟大的任务而获得回报，更重要的是，他们会改变。英雄看到自己做不到的事情会接受它，并通过永不放弃的精神，最终完成那些看起来做不到的事情。一旦成为自己故事里的英雄，我们就会发现生命并不是一场独角戏，我们会接受别人的帮助，也会去帮助别人。我们也会越来越多地扮演向导的角色。人生的美丽旅程就是从扮演英雄，并逐渐转变为扮演向导开始的。

现在我们了解了这四个角色，那么如何创造一个更好的人生故事脚本呢？现在，请你找一个不被打扰的安静空间，开始给自己写一段墓志铭。想一想你死去的时候，希望别人如何记住你。这也是美国心理学家欧文·亚隆（Irvin Yalom）提出的一种治疗方法。一开始思考这个问题的时候，我毫无头绪，甚至有点发蒙。当我再次认真思考的时候，发现很多事情其实并不是真的在乎，经过一番筛选，最后墓志铭上只留下了"称职的妻子、不缺席的妈妈、为很多创业者打开一扇窗的人"。

接下来需要做的，是去想象你理想的一生是怎样的，如果要拍成一部电影，你会取一个怎样的名字？在这部电影中，你扮演着怎样的角色，经历着怎样的角色转变？那将是怎样的一段传奇经历？接下来，你需要在脑海中把电影拍摄出来。想象一下让你最憧憬的那些画面，尽管这些画面并未发生，但是在不久的未来，它们终将成为现实。你需要调动你所有的感官去看到它们，完整地观察至少一个对你来说重要的生命事件，观察它的开端、发展、高潮、结局，留意这中间所有的重要时刻，以及你的感受和心念。最终留给你的，并不是那个重要的生命事件，而是你心中留下了怎样的想法和感受。还是举我自己的例子，我选择看到的那个重要的生命事件，是我通过自媒体创业，分享我的心得和技巧，让很多创业者从中得到了启发，然后在一个场合里，我们相聚一堂，彼此分享自己一路走来的故事。他们告诉我自己是如何从我的分享里得到了力量，如何用这些技巧和理念帮助了更多的人。那一刻，我心里留下的最大的感受是感恩。这股感恩的力量也让我开始思考，日常所做的事情里，哪些可以调动出类似的力量，我开始明白哪些事情可以放下，哪些事情不能等待，需要立刻去做。

完成了电影的拍摄，接下来我们需要做的就是付诸行动。为了让你的专属人生电影顺利上映，从现在开始，请做一个规划，并按照规划行动起来。这个规划可以是长期的，长达五年或者十年，也可以是短期的，仅仅需要半年或者一年。行动起来，从我们想要到达的终点开始回溯，倒推出我们应该做的事情。

当你写下墓志铭，并且在脑海中看到了理想的人

生电影时，你也许会忍不住泪流满面。此时此刻，你

会真正理解柏拉图说的："真正的哲学，是练习死亡。"

如果只是为你开一扇窗

有一年同学会，发生了一件让我印象极为深刻的事情。一位同学提议，大家回忆一下自己儿时的梦想，然后再对照一下各自正在从事的事业，评估一下自己有没有实现儿时的梦想。

结果，有一半的同学表示现在做的事情和儿时的梦想大相径庭，也有一半的同学认为现在的工作几乎实现了儿时的梦想。大家所描述的儿时的梦想，千奇百怪。比如想进联合国，想成为伟大的外交家，想开全世界最大的游戏公司，想开糖果工厂，每天一起床就有糖果吃……这时，一个同学说了一句话，大家听完都沉默了。他说："小时候什么都不懂，什么都敢想。年纪越大，越没有做梦的能力了。"

　　没有一个孩子的梦想是平淡无奇的。为什么随着年龄的增长，越来越多的成年人开始迷失：不知道究竟应该做些什么，不敢拥有属于自己的梦想，因为害怕别人的目光和评价而瞻前顾后，觉得躺平摆烂才是人生。我们已经忘了曾经那个天不怕地不怕的孩子究竟有着怎样让人刮目相看的抱负……

　　归根到底，是我们的能量消耗得太多，流失得太多，不足以支撑我们实现想要的人生。

　　我把自己定义为一个终身学习者。我喜欢看书和学习，从小就热衷于在各个新奇的领域探索。长大后，对什么事情都好奇的毛病依然没有改掉。这些年来，我跟随很多老师学习。但我最热衷的领域无非就是两个：心理学与营销学。在这两个领域的学习过程中，我认识了很多传奇的企业家，并惊讶地发现他们有着惊人的共性，比如他们都注重健康的生活方式，坚持执行饮食和健身计划；他们都相信大脑的巨大潜能，每天进行大脑的强化练习；他们知道情绪可以左右一件事的成败，所以会做冥想，练瑜伽，也会用其他方式来排解压力和负面情绪；他们的人生目标明确而清晰，且有着强大的动力去克服一切困难，乘风破浪，做自己想要成为的那个人。

我的一位老师，著名作家鲍勃·普罗克特（Bob Proctor）曾说："你唯一的问题就是你本身。而你也是这个问题唯一的解法。"我们经常感慨自己时运不济，总是遇到倒霉的事，仿佛全世界都在和我们作对。但其实只需要换一个角度，我们的世界就会截然不同。

生而为人，我们的能力十分有限，我们不能控制战争的爆发，不能预测明天的天气，不能预判意外的降临。但是，我们拥有着绝对的创造力和自己人生的决定权。

就像为了第二天去郊游，你做了充分的准备，甚至购置了崭新的行头，但天公不作美，一大早就下起了倾盆大雨。你认为这糟糕透了。但如果你换个角度想想，虽然不能外出，但可以把朋友请到家里来举办一场别开生面的聚会，你可以把扫兴的一天变得如此与众不同。

就像你早上踌躇满志地来到公司，却被经理告知将被解雇。你感觉无比委屈，恨不得找一个没人的地方痛哭流涕。但如果你换个角度想想，你已经积累了很多经验，即便离开这里，你也有能力找到更好的工作，甚至可以闯出一片属于自己的天地。

　　当你变了，世界就变了。当你好了，世界就好了。幸运的是，我在很多年前就懂得了这个道理。我的生活也因此发生了翻天覆地的变化。当我开始从事疗愈工作时，我也会向学员分享和传递这些想法。欣慰的是，我看到了很多人的变化，看到他们一步步实现了他们的愿望，这让我十分感动，也找到了我的价值所在。

　　我十分看重个人的成长，也深信每个人都有无穷无尽的潜能。只要找到开启潜能的密钥，每个人都可以实现他们想要的生活。我一直在探索这把密钥，也在不停地实践，最后就总结成了这本书里的内容。

　　这本书的很多分享，来自我读过的书、上过的课，也来自我自己授课时的提炼、总结和归纳、复盘。书中的内容不涉及商业，也没有什么惊天动地的不可复制的成功，提到的很多理论都是简单的科学和底层逻辑，而涉及的技巧也都是每个人在日常生活中就可以做起来的简单活动。因此，它适用于每一个人。我想做的，不是成为一束光去照亮你的人生之路，因为能够照亮自己前进道路的人，其实从来都是你自己。你唯一需要做的，就是相信自己，并且将自己的能量最大限度地激活和释放。我想要做的，是成为为你打开窗子的人。我们每个人的生命都是一份巨大的馈赠，注定都要闪闪发光。我们之所以会陷入迷茫、失望和焦虑，是因为在人生的某一个阶段，仿佛走进了一间漆黑的房子。那里没有门窗，没有光亮，伸手不见五指，我们自然也看不到自身的强大能量。我希望为你打开一扇窗，让窗外明媚的阳光照进来，让你看到其实你一直都熠熠生辉。

书中没有太多鸡汤的内容，因为鸡汤的效用是短暂的，它可以温暖你一时，却无法给你带来长久的改变。我更愿意带着你一起练习。正因为如此，这本书里有大量的实操练习，也有很多技巧和建议。无论你处于什么样的境况，无论你想要改善哪里，只要找到对应的方法，踏实行动，就一定可以带来实实在在的变化。

如果你读完了这本书，也做完了书中的练习，只要你的人生发生了变化，哪怕这个变化非常微小，那这本书就实现了它的意义。我也期待来自你的任何反馈和分享。

写这本书还有一个目的，就是希望结合科学和精神的力量，帮助大家走出人生的迷茫。我在做人生教练和疗愈工作的过程中，发现了一个很有意思的现象，就是精神和科学经常打架。崇尚精神力量的人认为科学理论死板无趣，有局限性。而科学阵营的人，又会抨击崇尚精神力量的人陷入幻想主义，不切实际和神神道道。但其实，这两者之间并不是对立的关系。我希望可以从这两个视角中找到一种平衡，让大家实现能量的最大化的觉醒和释放。

最后，请允许我表达感谢。感谢家人的支持，感谢为这本书提供案例和分享的朋友，感谢林霖老师的推荐，感谢深圳出版社，感谢写作过程中的一切相遇，感谢每一位读者，是你们让这本书成为可能，发挥出它的价值和意义。

愿这本书陪你从身体、头脑、情绪和内核四个维度，一步步认识自己，看清自己。当然，认识自己仅仅是个开始，最重要的是活出真正的自己。希望这本书可以帮你找到答案，怀着一颗宁静之心，欣然走在感受喜悦、体验丰盛的人生之路上。